ÉTUDES ET LECTURES

SUR

L'ASTRONOMIE,

PAR

CAMILLE FLAMMARION,

Astronome, Membre de plusieurs Académies, etc.

TOME DEUXIÈME.

PARIS,

GAUTHIER-VILLARS, IMPRIMEUR-LIBRAIRE

DU BUREAU DES LONGITUDES, DE L'OBSERVATOIRE IMPÉRIAL,

SUCCESSEUR DE MALLET-BACHELIER,

Quai des Grands-Augustins, 55.

1869

ÉTUDES ET LECTURES

SUR

L'ASTRONOMIE.

PARIS. — IMPRIMERIE DE GAUTHIER-VILLARS,
Rue de Seine-Saint-Germain, 10, près l'Institut.

ÉTUDES ET LECTURES

SUR

L'ASTRONOMIE,

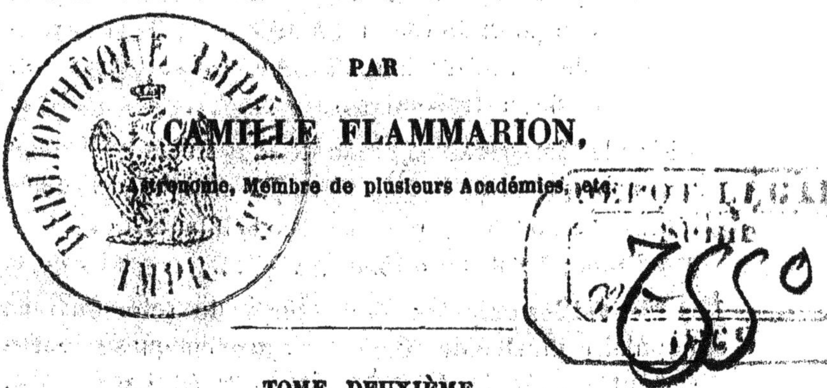

PAR

CAMILLE FLAMMARION,

Astronome, Membre de plusieurs Académies, etc.

TOME DEUXIÈME.

PARIS,

GAUTHIER-VILLARS, IMPRIMEUR-LIBRAIRE

DU BUREAU DES LONGITUDES, DE L'OBSERVATOIRE IMPÉRIAL,

SUCCESSEUR DE MALLET-BACHELIER,

Quai des Grands-Augustins, 55.

1869

OUVRAGES DU MÊME AUTEUR.

La Pluralité des Mondes habités. — Étude où l'on expose les conditions d'habitabilité des Terres célestes, discutées au point de vue de l'Astronomie, de la Physiologie et de la Philosophie naturelle. 14e édition; 1 vol. in-12 avec fig. astronomiques. . . . . . . 3 fr. 50 c.

Les Mondes Imaginaires et les Mondes Réels.— Voyage astronomique dans le ciel et revue critique des différentes théories humaines sur les habitants des astres. 9e édition ; 1 vol. avec figure. . . . . . . 3 fr. 50 c.

Les Merveilles célestes. — Lectures du soir. Ouvrage populaire illustré de 60 dessins astronomiques soigneusement gravés et de 2 planches. 3e édition ; 1 vol. in-12. . . . . 2 fr.

Dieu dans la Nature. — Philosophie spiritualiste des sciences. 6e édition ; 1 fort vol. in-12, avec le portrait de l'auteur. . . . . 4 fr.

Les Derniers Jours d'un Philosophe, ouvrage traduit de l'anglais de sir Humphry Davy, Entretiens sur les sciences, sur la nature et sur l'homme. 1 vol. in-12. 3 fr. 50 c.

TABLE DES MATIÈRES

AVIS AU LECTEUR

Fidèle au programme que nous nous sommes tracé dans le premier volume de cette publication spéciale, nous présentons aujourd'hui dans ce second volume les travaux et les découvertes de l'astronomie pratique contemporaine qui viennent d'être tout dernièrement accomplis.

Nulle science ne s'illustre actuellement par des progrès aussi rapides que notre sublime science du ciel; nulle ne peut avoir, par les conséquences philosophiques des faits qu'elle nous révèle, une plus grande influence sur l'affranchissement de la pensée humaine; nulle ne nous frappe aussi puissamment, par les horizons nouveaux qu'elle nous ouvre, par l'étonnante splendeur de ses conquêtes. Sa connaissance devient enfin populaire. Puisse-t-elle bientôt s'étendre à tous les esprits, et porter à toutes les curiosités éveillées une appréciation exacte de la nature de l'univers et du véritable rang astronomique de notre petite planète.

Ce volume s'ouvre par une étude d'astronomie stellaire sur *les Univers lointains*, sur les systèmes planétaires sidéraux qui planent loin du nôtre dans l'immensité de l'espace, et manifestent les forces universelles de la nature sous des formes si différentes de tout ce que nous avons coutume de voir sur la Terre. Les soleils multiples qui gravitent les uns autour des autres et donnent à leurs mondes les plus singulières formes d'années, de saisons, de jours, et la plus bizarre mesure du temps ; les étoiles colorées et les harmonies de leurs lumières tour à tour séparées et confondues ; les étoiles variables, dont le régime planétaire doit subir les plus étonnantes métamorphoses, sont successivement passés en revue dans ce tableau de la nature céleste.

Nous avons ensuite présenté le spectacle du mouvement et de la vie dans le ciel, à propos de l'*étoile nouvelle* subitement apparue il y a quelque temps dans la constellation de la Couronne boréale. Tandis que les habitants de la Terre sont portés à s'imaginer que la voûte étoilée est une région silencieuse, immuable et incorruptible, les événements de l'univers sidéral viennent de temps en temps nous montrer que les soleils de l'espace brûlent comme le nôtre, et que la vie s'agite là-haut comme ici-bas.

On remarquera, dans le chapitre sur les *étoiles filantes*, la nouvelle théorie qui assimile leurs orbites à celles des comètes, et élève ces astres passagers au rang de corps célestes régis par les lois mécaniques du système du monde.

L'analyse spectrale de la lumière des astres, dans sa théorie d'abord, dans ses résultats pratiques ensuite, présente l'une des plus merveilleuses découvertes des temps modernes, celle qui peut-être a le plus de droit à exciter notre attention studieuse et notre admiration. Déterminer la composition chimique d'une étoile située à des milliards de lieues de nous, par l'examen des rayons lumineux qu'elle nous envoie, n'est ce pas là un des faits qui peuvent montrer le mieux de quoi l'esprit humain se rend capable par le travail et par la persévérance ?

Aux dernières recherches sur la nature et la constitution physique du Soleil succède notre étude sur la région lunaire, dans laquelle un changement géologique (ou plutôt sélénologique) récent paraît s'être manifesté. Il serait à la fois curieux et important d'arriver enfin à acquérir la certitude que la Lune n'est pas un astre mort, et que des mouvements de terrain peuvent être aperçus à sa surface.

Ce volume se termine par l'exposé des éclipses observées, des comètes et des planètes télescopiques dernièrement découvertes.

Enfin, nous avons cru utile de répondre à la demande qui nous avait été souvent adressée de donner la liste générale des observatoires disséminés à la surface de notre planète.

Ces différentes études ont été en partie publiées à leur heure dans notre ancienne revue scientifique le *Cosmos*, et constituent notre collaboration astronomique de ces dernières années. Nous cessons maintenant de publier aucun article dans cette revue. Désormais c'est ici, dans ces *Etudes et Lectures*, que nous publierons nos travaux spéciaux d'astronomie ; et c'est ici aussi que nos lecteurs trouveront maintenant périodiquement le tableau du mouvement de l'astronomie contemporaine, de la météorologie et de la physique du globe.

Nous espérons que les nouvelles études qui composent ce second volume porteront à un grand nombre d'esprits attentifs, en même temps que la connaissance des derniers travaux accomplis par l'astronomie française et étrangère, les éléments successifs d'une appréciation de plus en plus exacte de l'état de l'univers physique au sein duquel s'écoulent nos existences.

ASTRONOMIE STELLAIRE.

ASTRONOMIE STELLAIRE.

LES UNIVERS LOINTAINS.

Étoiles doubles, systèmes multiples, leurs lois et leurs révolutions. — Les soleils colorés et les manifestations étranges de la lumière; la nature ultra-terrestre. — Étoiles variables; de certaines forces en action dans l'espace, et des créations lointaines inconnues à la Terre.

Les tableaux de la nature terrestre, perpétuellement exposés à nos regards depuis les premiers jours de notre tendre enfance, furent le sujet de notre contemplation habituelle, et laissèrent dans notre âme des impressions ineffaçables. Les phénomènes journaliers du jour et de la nuit revêtirent à nos yeux le caractère de la nécessité, et l'harmonie du monde où nous sommes nous parut complète et unique, sans qu'il nous ait été possible de recevoir d'autres sensations et d'imaginer une vie naturelle étrangère à la nôtre. Chaque matin le soleil vient dissiper les ténèbres, l'hémisphère reprend à sa présence la vie et l'activité qu'il avait un instant oubliées dans un repos bienfaisant; des nuées s'élèvent, les vents soufflent, les nuages s'amoncellent ou se dispersent; tantôt un ciel calme et chaud s'étend sur nos têtes, et son azur profond ne laisse apparaître aucune blancheur; tantôt gris et plombé, il annonce la pluie prochaine; tantôt des flocons aux brillantes couleurs le tapissent aux régions du soir. L'action de la chaleur, de la lumière s'exerce sur les règnes vivants, le flot de la vie monte ou descend, circule ou reste stationnaire, la nature entière, comme un être multiple, sent frémir en soi les rayons de la vie intérieure qui la traverse en tous sens, et le jour succède au jour, l'année à l'année, sans que le spectacle change et sans que nous imaginions la possibilité de le voir transformé. La mise en scène incessamment se renouvelle, les acteurs passent et sont remplacés; mais l'unité préside au drame et domine la pensée du spectateur.

Pour nous servir d'une expression bien caractéristique, disons qu'*objectivement* le spectacle du monde s'offre à nous dans une unité permanente, et que *subjectivement* ce spectacle est entré dans notre esprit comme la seule forme existante de l'œuvre de la nature.

Cependant l'observation nous a récemment ouvert les portes d'un domaine ultra-terrestre, disons même ultra-planétaire, où l'action de la nature s'accomplit sur un mode tout différent de celui que nous connaissons. Si les lois éternelles qui régissent la matière sont universellement identiques à elles-mêmes, elles agissent néanmoins sous diverses formes; la corrélation des forces ne produit pas en tous lieux la même résultante, leur intensité individuelle variant selon les éléments en présence et selon les milieux au sein desquels elles agissent. Si la nature entière est une grande harmonie, les instruments sont montés sur divers tons; ici la harpe éolienne module ses tendres accords; là le mode phrygien fait entendre sa fanfare sonore; plus loin la lyre épique chante ses hymnes glorieux : modes divers dont l'accent varie d'une partie à l'autre de l'universel concert.

C'est peut-être un acte à la fois utile et intéressant que de s'éloigner momentanément des bruits du monde où nous sommes *pour aller en d'autres sphères contempler de nouvelles natures*, ou, pour mieux dire, de nouvelles formes d'action de la Nature. En s'isolant ainsi d'un milieu qui nous captivait dans son cercle étroit, on peut apprendre à se mieux connaître et se former une idée plus approchée de la valeur de l'univers. L'infini, du reste, a cela de bon, qu'en nous imprégnant de lui dans un voyage ultra-terrestre, nous devenons à la fois plus grands et plus petits, plus savants et plus humbles. Si Dieu était un être dont on pût approcher plus ou moins, nous dirions qu'alors nous sommes plus près de lui et mieux ouverts à la notion de sa vraie nature.

Pour ce voyage aux régions stellaires, choisissons le meilleur moment de départ.

La nuit est calme, profonde et silencieuse. L'activité vivante du jour s'est éteinte, et le monde où nous sommes nous paraît endormi dans les bras invisibles de cette immense nature qui soutient l'univers. C'est l'heure où la pensée, libre de toute entrave, peut sans peine s'adonner à la contemplation des cieux étoilés. Chacune de ces clartés lointaines nous attire comme un aimant mystérieux; c'est l'heure de paix et de tranquillité, où l'âme peut s'élever au-dessus de l'ombre et regarder en haut, vers ces domaines inaccessibles qui planent dans l'étendue.

Il est permis de préférer quelquefois la nuit au jour, surtout lorsque l'âme sent le besoin de se retremper aux sources calmes d'où elle est sortie. Cette préférence que nous donnerons en cette circonstance aux ténèbres sur la lumière ne vient pas, comme on a pu le dire au siècle dernier, en forme de madrigal, de ce que la nuit est une beauté brune et le jour une beauté blonde; encore moins de ce que la nuit nous enveloppe de ses ombres, comme certains poëtes se sont plu à le répéter; non : la nuit nous convient parce qu'elle nous ouvre les vraies portes de la lumière, et qu'au lieu de nous envelopper d'ombres, elle fait disparaître celles que la clarté du jour avait étendues sous les étoiles.

Orientons-nous un peu, et levons la dernière illusion qui pourrait encore altérer la franchise de notre regard. Nons sommes tournés au nord, et devant nous l'étoile polaire semble être le pivot immobile autour duquel tourne, toute d'une pièce, la sphère étoilée. Rappelons-nous que cette apparence est due au mouvement de la Terre, que les astres ne sont point attachés à une voûte tournante, mais qu'ils sont disséminés dans les espaces à toutes les distances imaginables, et qu'ils résident dans ces régions insondées relativement immobiles, tandis qu'au milieu d'eux, au point de l'espace où nous sommes, notre petit monde pirouette sur lui-même.

Cette illusion levée, et pour n'y plus retomber, éloignons-nous d'un trait de ce petit globe aux apparences trompeuses; que notre pensée fasse abstraction de lui, qu'elle se sente libre et indépendante au milieu de l'univers sans circonférence, ayant autour d'elle l'infini des cieux peuplé d'astres sans nombre.

I

Étoiles doubles, systèmes multiples.

La plupart des astres qui resplendissent dans l'espace sont des soleils comme le nôtre, brillent par leur propre lumière, et voient très-probablement graviter autour d'eux de vastes systèmes planétaires analogues au nôtre. Nous ne nous arrêterons pas ce soir à ces mondes dont l'analogie avec celui que nous habitons est si grande; ce n'est pas que nous les dédaignions; loin de là, nous admirons d'ici la lumière qu'ils nous envoient, et les bienfaits que répandent autour d'eux les agents dont ils sont la source. Nous connaissons l'importance de ces astres solaires disséminés dans l'infini, mais notre regard, amateur de contrastes et de variété, cherche aujourd'hui dans le ciel quelque monde nouveau, sur lequel il se posera avec l'intérêt légitime qui s'attache à l'étude des mystères. C'est en creusant des champs nouveaux que l'on gonfle le trésor des sillons fertiles; c'est en butinant sur les fleurs nouvellement écloses, que l'abeille enrichit des plus belles gouttes d'or la ruche au gai murmure.

Parmi les étoiles dont l'étendue est parsemée, nous remarquerons quelquefois (à l'aide d'instruments assez puissants pour rapprocher de nous ces distances immenses) deux étoiles si voisines qu'elles paraissent se toucher et planer dans l'espace comme des sœurs jumelles. Généralement ces deux étoiles groupées paraissent de grosseurs différentes. Cette réunion peut être l'expression de la réalité, ou peut-être l'effet d'une perspective. S'il arrive, en effet, que deux astres se trouvent à peu près sur le même rayon visuel, quelle que soit d'ailleurs la distance réelle qui les sépare sur la longueur de ce rayon, ils nous paraîtront voisins ou même confondus en un seul. On ne saurait donner à ces groupes fortuits le nom d'*étoiles doubles*, à moins d'avoir soin de les caractériser sous la dénomination d'*apparences optiques*, car leur position apparente à nos yeux dépend uniquement de la perspective due à notre position personnelle dans l'espace.

Nous venons de dire que l'apparence des étoiles doubles pouvait être l'expression de la réalité, et qu'à côté des couples optiques dont nous venons de parler, des *couples physiques* pouvaient représenter de véritables systèmes, dont les composantes seraient invariablement liées l'une à l'autre. Ce fait d'une si haute importance en astronomie stellaire a été mis hors de doute par les observations, et révèle, avec plus d'éloquence que nul autre, la grandeur et l'universalité des lois inhérentes à la matière créée.

En supposant que les couples optiques étaient dus à un simple effet de perspective, Herschel voyait dans leur observation un moyen efficace de se rendre compte de la distance de l'étoile la plus voisine. Le déplacement de notre globe dans l'espace pendant son cours annuel devant produire sur celle-ci un déplacement apparent beaucoup plus considérable que sur la plus éloignée, on pouvait déterminer l'angle de ce déplacement, et, connaissant d'ailleurs le diamètre de l'orbite terrestre, trouver la distance dont ce diamètre est une fonction. C'est là, du reste, la méthode universellement employée pour le calcul de la parallaxe des étoiles.

Mais en cherchant cela, Herschel trouva quelque chose de mieux. Il reconnut que ces groupes ne sont pas formés par des étoiles indépendantes placées par hasard sur deux lignes visuelles excessivement rapprochées, que leur réunion dans un même point n'est pas un effet de perspective, que ces étoiles forment de véritables systèmes soumis aux mêmes forces qui gouvernent le nôtre, et que cette universelle loi d'attraction qui soutient dans l'espace notre système planétaire gouverne là-bas, à des distances inconnues, d'autres Soleils et d'autres Terres.

Nous n'apprendrons pas à nos lecteurs que *chaque étoile est un soleil.* La découverte des étoiles doubles nous montre donc dans l'espace une quantité innombrable de Soleils conjugués, de Soleils réunis deux par deux dans les champs du ciel, gravitant l'un autour de l'autre, et emportant chacun dans leur mouvement réciproque des systèmes inconnus de mondes habités, des groupes de terres étranges, bien différentes de celle que nous habitons et mues par deux centres mobiles de gravitation.

Magnifique affirmation de l'unité des mondes! Le petit oiseau tremblant qui s'essaye autour du nid d'amour d'où sa mère inquiète le contemple se sent tomber vers le sol en vertu de la même loi qui, par delà l'infini des cieux sans bornes, suspend de gigantesques Soleils à l'invisible réseau des attractions stellaires.

C'est seulement à dater de la découverte des mouvements des étoiles doubles, que l'on fut en droit de décréter d'une manière absolue *l'universalité* de la gravitation.

Jusque-là cette loi avait, il est vrai, montré son action au-delà de notre monde, parmi les sphères planétaires que notre Soleil entraîne avec lui dans l'espace; les comètes même, quelque *excentriques* qu'elles soient, — mot dont l'acception grammaticale est applicable ici — s'étaient rangées sous sa domination suprême. Mais il n'était pas démontré que d'autres univers ne pussent exister sans être gouvernés par cette loi directrice du nôtre; malgré la vraisemblance philosophique, il n'était pas démontré que la force attractive fût universelle et inhérente à l'essence même de la matière. Et qui aurait osé affirmer qu'elle agissait partout comme ici en raison directe des masses et en raison inverse du carré des distances? Les conséquences de cette découverte sont donc assez importantes pour justifier l'intérêt qu'elle a inspiré, dès l'origine des études; elles ont solidement fixé les bases encore mal assises de la philosophie expérimentale.

Les deux étoiles se meuvent l'une et l'autre autour de leur centre commun de gravité; toutefois les observations astronomiques révèlent seulement le mouvement de la plus petite étoile autour de la plus grande, comme il arrive pour nos planètes qui semblent tourner autour du Soleil, quoiqu'elles tournent en réalité autour du centre de gravité du système, et parce que ce centre est ordinairement situé dans le corps même du Soleil. L'orbite que nous déterminons d'ici pour la petite étoile de ces groupes binaires n'est qu'une orbite relative : c'est la courbe le long de laquelle un observateur situé sur la grande étoile, et qui se croirait immobile, verrait la plus petite se déplacer.

La distance angulaire des deux étoiles offre, selon les groupes, la plus grande variété. Afin de mettre un ordre plus facile dans leur classification, on a partagé ces groupes en quatre classes purement arbitraires, ordonnées suivant leur écartement angulaire. La première classe renferme les groupes dans lesquels les centres des deux étoiles sont à moins de 4″ de distance l'un de l'autre; la seconde classe renferme ceux qui se trouvent compris en 4″ et 8″; la troisième s'étend de 8″ à 16″, et la quatrième jusqu'à 32″.

Les premiers catalogues d'Herschel renfermaient :

97	étoiles doubles de la	1re classe.
102	»	2e
114	»	3e
132	»	4e

Plus tard, le catalogue de Struve présenta en 1837 :

987	étoiles doubles rangées	dans la 1re classe.
675	»	dans la 2e
659	»	dans la 3e
736	»	dans la 4e

en tout, plus de 3,000. Ce nombre résulte de l'examen de 120,000 étoiles diverses; il se trouve par conséquent que le quarantième environ des étoiles observées est formé de groupes binaires.

Il y a aujourd'hui plus de 6,000 étoiles doubles cataloguées. Ce nombre n'a pas sensiblement modifié les rapports précédents.

Le calcul des probabilités n'a pas été étranger à la découverte des étoiles doubles; il aurait eu une influence beaucoup plus considérable si l'on avait impartialement reconnu dans sa valeur toute l'importance philosophique dont elle est douée. John Michell est, au rapport d'Arago, le premier qui ait traité la question à ce point de vue ; c'était en 1767, quinze ans par conséquent avant la découverte des groupes physiques d'étoiles. Frappé de l'inégale répartition des étoiles dans le firmament, il voulut chercher s'il était possible que cet état de choses fût l'effet du hasard. Il prit pour exemple le groupe des Pléiades, et voici son raisonnement :

Ce groupe renferme 6 étoiles principales au-dessous de la cinquième grandeur, et il n'y a guère dans le ciel entier que 1,500 étoiles de cette intensité. Voici donc le problème : 1,500 étoiles sont jetées au hasard sur l'étendue du firmament; quel est le degré de probabilité que 6 d'entre elles se trouvent réunies dans l'espace restreint occupé par les Pléiades? Ce degré de probabilité paraît être de $\frac{1}{500\,000}$, c'est-à-dire qu'il y a 500,000 à parier contre 1 que ce rassemblement ne se présentera pas. Comme le fait existe, il en résulte que ce n'est pas au hasard que les 6 étoiles des Pléiades se trouvent si singulièrement réunies, que cette réunion est due à une cause physique, et qu'ainsi elles sont dans une dépendance mutuelle. On voit que, du jour où ce raisonnement fut énoncé, on aurait pu l'appliquer aux couples optiques. L'ingénieux Lambert, de Berlin, avait du reste exprimé déjà la même idée six ans plus tôt.

Un autre aspect du calcul des probabilités aurait également pu conduire plus tard au même résultat. Si l'on cherche le degré de probabilité que des étoiles jetées dans le firmament se présentent par groupes de deux, on reconnaîtra *a priori* que la probabilité sera d'autant moindre que l'on assignera un plus grand rapprochement auxdites étoiles, et que par conséquent il y aura beaucoup plus d'étoiles doubles écartées l'une de l'autre que d'étoiles juxtaposées. Mais c'est précisément le contraire qui existe. La première classe des étoiles doubles, celle dont les distances ne dépassent pas 4″, est la plus nombreuse. Donc ce n'est pas là un effet de hasard, de perspective, mais bien le résultat d'une loi effective.

Vus de la Terre, les mouvements réguliers de ces étoiles doubles affectent diverses formes suivant la position relative du plan de leur orbite par rapport à notre rayon visuel. Généralement la petite étoile se meut suivant une courbe sur laquelle elle se transporte avec une vitesse spéciale; elle se présente tantôt à l'est, tantôt à l'ouest de la grande, tantôt au nord, tantôt au sud. Mais la courbe de l'orbite est circulaire ou elliptique selon que le plan dans lequel elle s'exécute est perpendiculaire ou oblique. Il arrive parfois que l'ellipse devient tellement mince qu'elle est à peine sensible, et lorsque par hasard le plan de l'orbite passe par la Terre, le mouvement paraît s'effectuer sur une ligne droite.

Tels sont les caractères généraux qui appartiennent au monde des étoiles doubles; nous allons maintenant considérer en détail ces étoiles elles-mêmes.

Dans le pied gauche de la Grande-Ourse, à peu près au milieu de la ligne qui joindrait à Régulus la dernière étoile de la queue, on remarque deux petites étoiles de quatrième grandeur. Ces étoiles sont ν et ξ de la Grande-Ourse ; ξ est la première étoile double à laquelle on ait appliqué des calculs, et c'est encore aujourd'hui celle dont l'orbite est une des mieux déterminées. Les deux composantes de cette étoile sont l'une de quatrième, l'autre de cinquième grandeur. Le demi-grand axe de l'orbite, tel qu'il serait vu perpendiculairement de la Terre, est égal à 3″, 8 ; la révolution de la petite étoile autour de la grande s'effectue en 61 ans. Son excentricité est de 0,42. A propos de l'excentricité, nous ferons observer qu'elle est généralement considérable dans les orbites des étoiles doubles. Ainsi, tandis que la plus excentrique des planètes de notre système, Mercure, égale 0,205 ; que parmi les planètes télescopiques la plus forte s'élève à 0,33, on a des étoiles doubles dont l'excentricité = 0,71 ; celle de α du Centaure, par exemple. Nous verrons plus tard que ces excentricités doivent donner lieu à des alternances singulières de coloration et de chaleur sur les mondes qui dépendent de ces systèmes.

L'étoile α du Centaure, dont nous venons de parler, est la plus belle des étoiles doubles, et en même temps, comme on sait, l'étoile la plus proche de nous. Elle n'est éloignée que de 226 400 fois le rayon de l'orbite terrestre, c'est-à-dire de 8 trillions 603 mille millions de lieues seulement (*). Connaissant cette distance, on

(*) Les dernières mesures portent la parallaxe de cette étoile à 0″88 qui correspond à 234 000 rayons de l'orbite terrestre. La lumière met 1 348 jours à traverser cette distance.

peut arriver à une détermination approchée des éléments de cette étoile double. Le demi-grand axe de son orbite est de 12″ environ, et la durée de la révolution de l'étoile satellite, de 78 ans. Le demi-grand axe paraît dès lors mesurer environ 410 millions de lieues; c'est une distance relativement faible, car en la comparant aux distances planétaires de notre système, on voit qu'elle n'est guère plus élevée que celle de Saturne au Soleil, laquelle égale 364 millions de lieues, et qu'elle est bien inférieure à celles des dernières planètes de notre système.

Si l'on appliquait le même calcul à la 61ᵉ du Cygne, étoile la plus proche de nous après la précédente, et également double, on trouverait pour le rayon moyen de l'orbite de la petite étoile une longueur de 1 milliard 530 millions de lieues, un peu plus que la distance de Neptune au Soleil. La durée de la révolution paraît être de 500 ans. La masse des deux étoiles réunies, — résultat digne d'attention, — paraît égale à 0,353, celle de notre Soleil étant prise pour unité.

Par suite d'une indétermination dans le rapport des éléments de l'étoile η de la Couronne, indétermination qui ne surprendra aucun algébriste, la période de révolution de cette étoile pouvait être fixée à 43 ou à 66 ans. Le premier nombre a été longtemps accepté, mais il semble établi maintenant que le dernier doit être adopté sans indécision. La plus courte des révolutions est celle de 42 Chevelure de Bérénice, égale à 25 ans; la plus longue, celle de γ du Lion, égale à 1,200 ans. Voici, du reste, les éléments des étoiles doubles les mieux déterminées; nous les choisissons, en les corrigeant, dans le catalogue de Dien-Struve des 500 principales étoiles doubles, auquel nous renverrons les observateurs.

Étoiles.	Révolution. ans	Dist. moy. "	Excentricité.
42 Hercule..........	25	0,5	0,08
ζ d'Hercule..........	36	1,2	0,44
ζ de l'Écrevisse......	58	0,9	0,44
ξ de la Grande-Ourse.	61	2,4	0,43
η de la Couronne....	66	1,1	0,47
α du Centaure......	78	12,1	0,71
70e Ophiucus........	92	4,8	0,48
γ de la Vierge.......	159	3,5	0,83
Castor..............	253	8,1	0,76
σ de la Couronne ...	287	3,7	0,76
61e du Cygne........	452	15,4	»
γ du Lion...........	1200	2,56	»

Les plus anciennes observations de ξ de la Grande-Ourse, considérée comme étoile double, étant de 1782, on voit qu'en 1840 le compagnon de cette étoile avait déjà parcouru le cycle entier d'une première révolution observée, et qu'il est déjà parvenu maintenant presque au milieu du chemin d'une seconde révolution. ζ d'Hercule, dont le mouvement n'a pu être fixé qu'en 1847, n'a depuis cette époque parcouru que la moitié de son orbite. μ de la Couronne, depuis les premières observations d'Herschel, a déjà parcouru sa révolution entière. Toutes ces étoiles sont situées à des distances inimaginables. Cependant l'observation a pu constater que, là comme ici, la gravitation les dirige en vertu des lois découvertes par Kepler. En multipliant les mesures d'angle de position et de distances, on a pu s'assurer que la courbe décrite par l'étoile la moins brillante autour de la plus brillante est une ellipse, dans laquelle le rayon vecteur décrit des aires égales en temps égaux. Ainsi le mouvement du compagnon de telle étoile perdue au fond de l'espace insondable est identiquement le même que celui de la Terre autour du Soleil.

La connaissance de ces lois et l'observation de ces mouvements ont fait faire un pas immense vers la solution d'un problème qui semblait au-dessus de l'intelligence humaine : la détermination du poids, de la masse, peut-être un jour de la densité des étoiles. « Le jour où la distance d'une étoile double à la Terre est déterminée avec exactitude, dit Arago, on sait combien de millions de fois cette étoile renferme plus de matière que notre globe ; on pénètre ainsi dans sa constitution intime, quoiqu'elle soit placée à plus de 120 millions de millions de lieues de nous, quoique, dans les plus puissants télescopes, elle se présente seulement comme un point radieux sans dimensions appréciables. »

Cette même connaissance des mouvements stellaires dans les systèmes d'étoiles doubles pourra à son tour nous faire connaître la distance réelle de ces systèmes à la Terre. On sait que la méthode généralement employée pour la détermination de la distance d'une étoile consiste dans la mesure du déplacement apparent qu'elle subit, par suite de la translation annuelle de la Terre dans l'espace ; la valeur angulaire plus ou moins petite de ce déplacement apparent donne une valeur correspondante plus ou moins grande pour la distance réelle de l'étoile en fonction du diamètre de l'orbite. Or, une méthode nouvelle est mise au jour du moment où l'on peut mesurer la durée des mouvements d'une étoile double. Cette méthode repose sur la durée de la propagation de la lumière.

En effet, en se reportant à ce qui se passe pendant le cours circulaire d'une étoile secondaire autour d'une étoile centrale, on reconnaîtra facilement que si le plan de cette courbe circulaire n'est pas justement perpendiculaire au rayon visuel, il y a une moitié de la courbe plus éloignée de notre œil et une moins éloignée. Par suite de cet état de choses, la lumière mettra plus de temps à nous venir pendant que l'étoile parcourra la moitié la plus éloignée que lorsqu'elle sera sur la portion la plus proche. En somme, les deux demi-révolutions observées différeront entre elles du double du temps que la lumière emploie à parcourir le nombre de lieues dont la distance de l'étoile varie, suivant qu'elle se trouve du côté le plus éloigné ou du côté le plus rapproché. — En soustrayant l'une de l'autre les durées des deux demi-révolutions observées, en prenant la moitié de cette différence, exprimée en secondes, et en multipliant ce nombre par la vitesse de la lumière, on aura la valeur en lieues de la quantité dont l'étoile secondaire s'éloigne de nous pendant son cours. Or, la position et les dimensions de l'orbite de cette étoile sont liées d'une manière nécessaire à la quantité totale des changements de distance, et de ceux-ci on peut remonter à la valeur des dimensions de l'orbite. La connaissance de ces dimensions permet dès lors d'obtenir d'une manière facile, et par de simples méthodes d'arpentage, la valeur réelle de l'éloignement du système.

Ces Soleils lointains qui, dans les champs inexplorés

de l'étendue, gravitent silencieusement l'un autour de l'autre, ne doivent point répandre en nous les pensées de solitude que la paisible contemplation des cieux nous fait presque toujours éprouver. Sans doute, d'ici, ils nous paraissent planer solitairement dans le vide, et leur aspect n'a rien qui fasse vibrer en nous les impressions de la vie ; à les voir de notre station lointaine, on les prendrait pour de gigantesques cadrans stellaires marquant au fond des espaces les lentes heures d'un cycle immense, et peut-être, en des univers plus rapprochés d'eux, l'observation suit-elle sur leurs mouvements la mesure d'une autre durée. Mais l'œil du philosophe ne saurait s'arrêter là, et la raison ne saurait admettre que ces mondes brillants n'aient d'autre fonction dans l'économie de la nature que celle de tourner éternellement l'un autour de l'autre.

Non. Comme le Soleil qui nous éclaire nous échauffe et entretient chaque jour la lampe de notre vie, ces soleils mystérieux sont le foyer et le flambeau de groupes de planètes circulant autour d'eux en vertu des mêmes lois, et recevant les bienfaits de ces rayons qui ne se dispersent pas, inféconds, dans les champs stériles du ciel.

Systèmes de mondes appartenant à chacun de ces soleils, groupes binaires de planètes qui jamais n'entrelacent leurs orbites, tourbillons bien déterminés et bien accusés, appartenant chacun à son Soleil et ne se disputant jamais le domaine qui leur est à chacun affecté. L'étendue de chaque système ne peut être trop grande ; ils doivent être rassemblés dans un espace qui ne saurait se trouver dans une plus grande proportion, avec l'énorme intervalle qui les sépare, que les distances de nos satellites à nos planètes avec les distances de celles-ci au Soleil. Une subordination moins nettement déterminée serait incompatible avec la stabilité de leurs systèmes et avec la nature des orbites planétaires. C'est ce que n'ont pas toujours su les romanciers dont l'imagination s'est plu à créer de nouveaux systèmes de mondes, systèmes irréalisables, et qui n'auraient pu exister un seul instant sans être immédiatement la proie des bouleversements les plus étranges. L'auteur d'un ingénieux petit roman : *Star ou ψ de Cassiopée,* par exemple, a dessiné autour de son monde imaginaire une suite d'orbites concentriques, dont la dernière, celle d'Urrias, est mécaniquement impossible. On voit que, dans le domaine de la rêverie même, une boussole ne serait pas inutile. Telle planète située à une égale distance de son soleil et du soleil voisin sera attirée vers celui-ci si sa masse est prédominante, ne saura plus où aller si les deux masses sont égales, et ne pourra dans tous les cas suivre en aucun temps une orbite circulaire. L'harmonie n'est possible qu'en certaines conditions ; au-delà d'une limite, que l'on peut fixer suivant les éléments, le chaos devient maître de la nature, ce qui, par parenthèse, n'est pas admissible. La mécanique céleste gouverne tout. « Si les planètes d'un système double ne se trouvent sous la sauvegarde du corps central auquel elles obéissent immédiatement, dit sir John Herschel, l'action de l'autre soleil à son passage au point le plus voisin de sa courbe les entraînerait hors de leurs orbites, ou leur en ferait décrire d'autres qui compromettraient l'existence de leurs habitants. Il faut avouer, ajoute le même astronome, qu'ici se présente un champ singulièrement vaste où nous pouvons donner le plus libre essor à notre imagination. »

A quelles combinaisons sans nombre, en effet, ne peuvent-ils pas donner lieu, ces mouvements divers : attraction, lumière, chaleur, force magnétique de plusieurs soleils inégaux et inégalement distants? Si par la construction la plus simple nous supposons situés dans le même plan les deux systèmes d'orbites concentriques, cette simplicité n'empêchera pas la plus grande complexité de résulter des diverses positions prises par la planète dans son cours, suivant qu'elle se trouvera à l'aphélie ou au périhélie de son propre Soleil ou du Soleil voisin, entre les deux astres, ou aux distances variées auxquelles l'action de l'astre voisin se fait plus ou moins sentir. Telle planète, comme Mercure, très-rapprochée de son Soleil, ne subira que médiocrement l'influence de l'autre ; telle planète lointaine, comme Uranus ou Neptune, sera livrée aux plus grandes perturbations. L'une aura des saisons régulières résultant de sa seule inclinaison sur le plan de l'orbite ; l'autre subira des variations de température venant d'une cause étrangère, par suite de sa proximité ou de son éloignement des deux Soleils. Sur un monde, le jour succède à la nuit avec la même régularité que chez nous ; le second Soleil, planant dans le ciel, n'est qu'une lueur très-brillante. Sur un autre, deux astres radieux se disputent sans cesse l'empire du jour : la nuit n'est plus qu'un accident soumis en apparence à toutes les irrégularités possibles. Celui-ci, dans son mouvement diurne, présente constamment un hémisphère aux deux soleils à la fois, et fait succéder à la nuit froide et obscure la chaleur et la lumière de deux sources lumineuses; celui-là se présente successivement à chacun d'eux, il ne connait point le repos et l'obscurité des nuits et voit à peine un vestige de nos beaux crépuscules. Les conditions climatologiques doivent être également sur ces mondes complétement en dehors de tout ce que nous pouvons observer sur la terre; et faire l'histoire de l'inimaginable diversité qui peut se manifester à la surface de l'un et de l'autre, ce serait entrer dans la narration sans issue du possible.

Les conditions d'existence des êtres organisés, exerçant leur influence inévitable sur les manifestations de la force de vie, auront donné naissance à des êtres également bien différents de ceux que nous connaissons. Soit qu'elle existe comme entité individuelle résidant à l'état latent dans chaque atome de matière, soit qu'elle n'existe que comme une résultante passagère de certaines actions occultes s'effectuant dans les combinaisons intimes des atomes, la force de vie ne peut se manifester au dehors et donner naissance à une forme vivante qu'en restant soumise au milieu auquel elle appartient. Tous les enfants de la vie sont attachés par des liens plus ou moins élastiques au berceau dans le sein duquel ils ont reçu le jour. Les premiers êtres organisés sont en harmonie intime avec les régions où ils apparaissent, et commencent la série des existences qui se succéderont pas à pas dans l'ordre zoologique. Une solidarité qui a sa source et son alimentation dans le monde même s'établit dès lors entre toutes les créatures, et lorsque la dernière, la plus complète, la plus élevée, celle qui résume toutes les autres et les domine, vient à paraître sur la scène de la création, elle est revêtue, comme ses sœurs aînées, des caractères inhérents à la constitution du globe. De cette règle générale et éternelle résulte la plus grande diversité dans l'habitation des mondes, car cette habitation n'est autre que la réalisation des conditions de l'habitabilité. Sur les mondes dont nous parlons, comme sur le nôtre, le Soleil est la force impulsive, génératrice et conservatrice de la vie; sur eux comme sur nous, cette vie dépend du foyer central. Il en résulte inévitablement des différences fondamentales dans les manifestations de la vie à leur surface, diversité dont les caractères distinctifs sont ineffaçables, et qui répandra éternellement dans la mosaïque des cieux l'inépuisable variété des formes possibles (*).

II

Des Soleils colorés et de leurs mondes.

Les considérations qui précèdent se rapportent au fond même des choses, aux principes de l'existence, aux conditions intimes de la vie organisée. Mais le spectacle de la nature en ces lointains univers va nous

(*) Les études sur les étoiles doubles se continuent de part et d'autre. M. Struve, Directeur de l'Observatoire de Russie, poursuit laborieusement les travaux de son illustre père. Sir John Herschel nous écrit qu'il s'occupe lui-même activement de terminer le grand catalogue qu'il a entrepris.

montrer maintenant dans les apparences extérieures une diversité non moins remarquable, non moins curieuse.

En effet, ce n'est pas seulement dans l'organisme vital des êtres, dans leur forme, dans leur mode d'existence qu'une grande diversité se fait remarquer, séparant par des abîmes infranchissables l'habitation de ces mondes de l'habitation du nôtre : c'est encore dans l'aspect de la nature extérieure, dans le vêtement dont elle se pare, aux jours de deuil comme aux jours de fête, et sous lequel elle manifeste à nos yeux sa multiplicité d'actions. Parlons un peu de ce monde des couleurs, mystérieuses apparences qui constituent pour nous l'aspect des choses, et qui souvent sont la seule impression par laquelle nous en ayons connaissance.

La lumière blanche de notre Soleil déverse ses rayons éclatants du haut de l'azur, et grâce à l'atmosphère transparente dont les mille réflexions forment un véritable réservoir de lumières, tous les objets qui s'étendent à la surface du globe sont enveloppés de cette lumière. Cependant cette lumière blanche n'est pas simple, elle renferme dans son rayon la puissance de toutes les couleurs possibles, et les corps, au lieu de nous paraître tous revêtus d'une même blancheur, absorberont certaines couleurs du rayon complexe de lumière et réfléchiront les autres : cette réflexion constitue à nos yeux la coloration de ces corps. Elle dépend donc de l'agencement moléculaire de la surface réfléchissante, de sa disposition à recevoir certains rayons du spectre et à renvoyer les autres. Mais la somme de toutes ces couleurs constitue le blanc originaire, source unique de ces apparences diverses.

Il est bon de se rappeler maintenant que cette théorie applicable au monde inorganique reçoit encore une importance plus considérable lorsqu'on envisage le mode de coloration des substances organiques. La beauté des plantes, la couleur des prairies, l'or des sillons, la blancheur du lis, l'écarlate, l'orange, l'azur et les nuances sans nombre qui sont la richesse des fleurs; l'éclat du plumage chez les petits oiseaux des tropiques, la neige des colombes, la fourrure fauve du lion du désert, comme la longue chevelure des blondes filles d'Ève, c'est à la lumière blanche de notre Soleil qu'il faut remonter pour l'explication de la beauté visible, c'est en elle que réside la source des nuances infinies qui décorent les formes de la nature.

Or, supposons un instant qu'au lieu de la blanche source de toute lumière qui nous inonde, nous ayons un Soleil bleu foncé, quel changement à vue s'opère aussitôt dans la nature! Les nuages perdent leur blancheur argentée et l'or de leurs flocons pour étendre sous le ciel une voûte plus sombre; la nature entière se couvre d'une pénombre colorée; les plus belles étoiles restent dans le ciel du jour; les fleurs assombrissent l'éclat de leur brillante parure; les campagnes se succèdent dans la brume jusqu'à l'horizon invisible; un jour nouveau luit sous les cieux. L'incarnat des joues fraîches efface son duvet candide, les visages semblent vieillir, et l'humanité se demande, étonnée, l'explication d'une transformation si étrange. Nous connaissons si peu le fond des choses, nous tenons tant aux apparences, que l'univers entier nous semble renouvelé par cette légère modification de la lumière solaire.

Que serait-ce si, au lieu d'un seul Soleil indigo, suivant avec régularité son cours apparent, mesurant les années et les jours par son unique domination, un second Soleil venait soudain s'unir à lui, un Soleil d'un rouge écarlate disputant sans cesse à son partenaire l'empire du monde des couleurs? Imaginons-nous qu'à midi, au moment où notre Soleil bleu étend sur la nature cette lumière pénombrale que nous décrivions tout à l'heure, l'incendie d'un foyer resplendissant allume à l'orient ses flammes. Des silhouettes verdâtres se dressent soudain à travers la lumière diffuse, et à l'opposite de chaque objet, une traînée sombre vient découper la clarté bleue étendue sur le monde. Plus tard, le Soleil rouge monte, tandis que l'autre descend, et les objets sont à l'orient teints de rayons du rouge, à l'occident colorés des rayons du bleu. Plus tard encore, un nouveau midi luit sur la Terre, tandis qu'au couchant s'évanouit le premier Soleil, et dès lors la nature s'embrase des feux de l'écarlate. Si nous passons à la nuit, à peine l'occident voit-il pâlir comme de lointains feux de Bengale les derniers rayonnements de la pourpre solaire, qu'une aurore nouvelle fait apparaître à l'opposite les lueurs azurées du cyclope à l'œil bleu.... L'imagination des poëtes, le caprice des peintres créeront-ils sur la palette de la fantaisie un monde de lumière plus hardi que celui-ci? — Hégel a dit que « tout ce qui est réel est rationnel, » et que « tout ce qui est rationnel est réel. » Cette pensée hardie n'exprime pas encore toute la vérité. Il y a bien des choses qui ne nous paraissent point rationnelles et qui néanmoins existent en réalité dans l'une des créations sans nombre de l'infini qui nous entoure.

Ce que nous venons de dire à propos d'une terre éclairée par deux Soleils de diverses couleurs, dont l'un serait bleu foncé et l'autre rouge écarlate, n'a rien d'imaginaire. Par une belle nuit calme et pure, prenez votre lunette et regardez dans Persée, ce héros sensible étendu en pleine Voie lactée et tenant en main la tête de Méduse, regardez, dis-je, l'étoile η : voilà au grand jour notre monde de tout à l'heure. La grande étoile est d'un beau rouge, l'autre est d'un bleu sombre. A quelle distance ce monde étrange est-il situé? C'est ce que nul ne peut dire. On peut seulement affirmer qu'à raison de 77,000 lieues par seconde, la lumière met plus de cent ans à nous venir de là.

Mais ce monde n'est pas le seul de son genre. Celui d'o Ophiucus lui ressemble à un tel point qu'on pourrait facilement s'y tromper et les prendre l'un pour l'autre : à cette distance-là ce serait, il est vrai, pardonnable. Seulement, dans le système d'o Ophiucus, le Soleil bleu n'est pas aussi foncé que dans l'autre.

o du Dragon ressemble beaucoup aux précédents; mais dans ce système le grand Soleil est d'un rouge plus foncé. φ du Taureau a son grand Soleil rouge, son petit bleuâtre. K d'Argo a son grand Soleil bleu et son petit rouge sombre.

Ainsi voilà notre monde imaginaire réalisé en plusieurs endroits de l'espace. Et il y a, à n'en pas douter, des yeux humains qui là-bas contemplent chaque jour ces merveilles. Qui sait? — et ceci est très-probable — ils n'y font peut-être guère attention, et dès leur berceau, habitués comme nous à la même scène, ils n'apprécient pas la valeur pittoresque de leur séjour. Ainsi sont faits les hommes. Le nouveau, l'inattendu seul les touche; quant au naturel, il semble que c'est là un état éternel, nécessaire, fortuit, de l'aveugle nature, et qui ne mérite pas la peine d'être observé. Si les gens de là-bas venaient chez nous, tout en reconnaissant la simplicité de notre petit univers, ils ne manqueraient pas de s'extasier devant lui et de s'étonner de notre indifférence.

Non, toutes les étoiles ne sont pas blanches comme notre Soleil; il en est un nombre respectable qui sont la source des phénomènes les plus étranges, les plus éloignés de tous ceux que l'observation nous a fait connaître. Dans leur variété parmi l'ensemble des astres, une nouvelle variété se manifeste encore. Les systèmes binaires colorés ne se composent pas unanimement des Soleils rouges et bleus auxquels nous faisions allusion tout à l'heure; les moyens ne leur font pas défaut; il en est ici comme dans l'universalité des productions de la nature; c'est à une source intarissable qu'elle a puisé pour la richesse et le luxe dont elle a décoré ses œuvres.

Voici par exemple le beau système de γ d'Andromède. Le grand Soleil central est orange; le petit qui gravite alentour est vert émeraude. Que résulte-t-il du mariage de ces deux couleurs : l'orange et l'émeraude? N'est-ce pas là un assortiment plein de jeunesse? — si cette métaphore est permise.— Un grand et magnifique flambeau orange au milieu du ciel; puis une émeraude brillante qui gracieusement vient marier à l'or ses reflets verts.

Voici encore α d'Hercule : Soleils rouge et verts; la 24ᵉ de la Chevelure de Bérénice : l'une rouge pâle, l'autre d'un vert limpide ; η de Cassiopée, Soleil rouge et Soleil vert; nouvelle série de nuances tendres et ravissantes.

Changeons la scène ; il suffit pour cela de considérer d'autres systèmes ; il y a plus de variété parmi eux que dans tous les changements à vue que l'opticien peut produire sur l'écran d'une lanterne magique. Tels univers planétaires, éclairés par deux Soleils, ont toute la série des couleurs renfermées au-dessous du bleu et ne connaissent point les nuances éclatantes de l'or et de la pourpre qui jettent tant de vivacité sur le monde. C'est dans cette catégorie que se trouvent placés les systèmes de la 59e d'Andromède, δ du Serpent, 53e d'Ophiucus, 55e de la Chevelure de Bérénice, 28e d'Andromède, etc. Tels ne connaissent que des Soleils rouges, comme γ du Lion par exemple. Tels autres systèmes sont voués au bleu et au jaune, ou du moins sont éclairés par un astre bleu et un astre jaune qui ne leur donnent qu'une série limitée de nuances comprises dans les combinaisons de ces couleurs primitives ; tels sont : la 13e de la Baleine, la 42e de l'Eridan, dont l'une est couleur de paille et l'autre bleue ; ι Girafe, ζ d'Orion, 8e de la Licorne, 38e des Gémeaux, 2^1 du Cancer, l'une d'un beau jaune, l'autre bleu indigo ; ε du Bouvier, la grande jaune, la petite bleue verdâtre ; θ du Centaure ; ψ du Cygne, dont la petite est d'un bleu intense. Nous avons d'un autre côté les assortiments du rouge et du vert ; tels η de Cassiopée dont le grand Soleil est rouge et le petit vert, 24e de la Chevelure, et la belle étoile α d'Hercule.

D'autres systèmes stellaires se rapprochent davantage du nôtre, en ce sens que l'un des Soleils qui les illuminent émet comme le nôtre une lumière blanche, source de toutes les couleurs, tandis que son voisin vient jeter un reflet permanent sur toutes choses. Voici par exemple les mondes qui circulent autour du grand Soleil d'α du Bélier ; ce grand Soleil est blanc, mais on voit constamment dans le ciel un autre Soleil plus petit, dont le reflet bleu couvre comme d'un voile les objets exposés à ses rayons. La 26ᵉ de la Baleine se trouve dans les mêmes conditions; il en est de même de ε de Persée, 62ᵉ de l'Eridan, β d'Orion, δ des Gémeaux, Régulus, δ du Bouvier, β du Scorpion, α du Serpent, β de la Lyre, etc. ; ce sont là les plus brillantes des étoiles doubles. Telle est encore l'étoile χ du Col du Cygne, qui est en outre l'une des variables les plus remarquables : dans une période de 404 jours, son grand Soleil blanc diminue de la cinquième à la onzième grandeur et revient à son état primitif. Pour les mondes qui gravitent autour du Soleil principal dans ces systèmes binaires, la lumière blanche originaire paraît donner naissance aux variétés infinies que nous observons sur la Terre, avec réserve d'un reflet bleu constamment issu de l'autre Soleil ; mais pour les planètes qui gravitent autour de celui-ci, c'est la coloration bleue qui domine, tandis que l'action du Soleil blanc plus éloigné n'est que secondaire.

De même qu'il y a des Soleils blancs accompagnés de Soleils bleus, de même il en est qui sont accompagnés de Soleils rouges ou jaunes. Tels par exemple δ d'Orion : blanc et pourpre ; α d'Hercule : blanc et rougeâtre ; 12ᵉ de la Chevelure : blanc et rouge ; γ du Dauphin : blanc et jaune.

On peut se demander si les astres colorés peuvent émettre d'autres rayons que ceux qui appartiennent à leur coloration propre, et si les objets soumis à cette coloration peuvent revêtir d'autres nuances. On sait que les couleurs élémentaires du spectre ne se décomposent plus lorsqu'on les fait passer au travers d'un nouveau prisme ; les rayons rouges restent rouges sans subir la moindre décomposition, les rayons bleus restent bleus. Par ce fait, on est fondé à croire que les Soleils colorés n'émettent que des rayons de leur couleur. Cependant la question de la couleur des objets est encore si mystérieuse qu'on ne saurait affirmer qu'une seule et même couleur revêtît tous les objets d'un monde soumis à un tel régime. Sans doute, on devrait l'admettre si l'hypothèse de l'absorption et de la réflexion était incontestable. Tous les corps sur lesquels tombe un rayon de lumière blanche absorbant une partie des rayons de cette lumière et réfléchissant l'autre, selon cette théorie, il s'ensuivrait que la couleur ne serait autre que celle qu'ils n'absorbent pas et renvoient au dehors. S'il en était ainsi, les planètes soumises à un Soleil rouge ne connaîtraient que le rouge et seraient privées de toutes les autres couleurs; celles soumises à un Soleil vert ne connaîtraient que le vert; il n'y aurait que les mondes appartenant à un Soleil blanc qui jouiraient indistinctement du spectre entier des couleurs. Mais l'explication précédente, quoique des plus simples, a cependant contre elle des objections puissantes. Il est, du reste, possible que les planètes possèdent une certaine quantité de lumière propre, que les corps inorganiques ou organiques qui lui appartiennent aient, les premiers, un agencement chimique, une structure donnant naissance à des phénomènes d'interférence ou de diffraction constituant leur aspect ; les seconds, une sorte de pigment coloré, comme celui des plumes des oiseaux et la chlorophylle des plantes ou quelque espèce de sécrétion phosphorescente. Mais quelle que soit l'hypothèse que l'on adopte pour l'explication de cette branche si mystérieuse de la physique, on est dans tous les cas obligé d'admettre que l'influence de la coloration du Soleil est d'une importance capitale dans les phénomènes optiques produits à la surface de ces mondes.

A ce propos, A. de Humboldt parle de jours *blancs*, rouges ou verts, suivant que le Soleil est *blanc*, rouge ou vert. Existe-t-il en réalité des jours blancs? Nous ne le pensons pas, nous sommes ici d'un avis contraire à celui d'un de nos illustres maîtres, car ce faisceau de tous les rayons ne peut que se décomposer suivant la série opulente des couleurs, des tons et des nuances.

Mais revenons à nos mondes. Quelle variété de clarté deux Soleils, l'un rouge et l'autre vert, l'un jaune et l'autre bleu, doivent répandre sur une planète qui circule autour de l'un ou de l'autre ! à quels charmants contrastes, à quelles magnifiques alternatives doivent donner lieu un jour rouge et un jour vert succédant tour à tour à un jour blanc et aux ténèbres ! Quelle nature est-ce là? quelle inimaginable beauté revêt d'une splendeur inconnue ces terres lointaines disséminées dans l'immensité des espaces sans fin !

Si comme notre lune qui roule autour du globe, comme celles de Jupiter, de Saturne qui réunissent leurs miroirs sur l'hémisphère obscur de ces mondes, les planètes invisibles qui se balancent là-bas sont entourées de satellites qui sans cesse les accompagnent, quel est l'aspect de ces lunes éclairées par plusieurs Soleils? Cette lune qui se lève des montagnes brumeuses est divisée en deux quartiers diversement colorés: l'un rouge, l'autre bleu; cette autre n'offre qu'un croissant jaune; celle-là est dans son plein, elle est verte et paraît suspendue dans les cieux comme un immense fruit. Lune rubis, lune émeraude, lune opale : quelles singulières pierres précieuses du ciel! O nuits de la Terre, qu'argente modestement notre lune solitaire, vous êtes bien belles quand l'esprit calme et pensif vous contemple! mais qu'êtes-vous à côté des nuits illuminées par ces sphères merveilleuses?

Et les éclipses de Soleils sur ces mondes?... Soleils multiples, lunes multiples, à quels jours infinis vos lumières mutuellement éclipsées ne donnent-elles pas naissance! Le Soleil bleu et le Soleil jaune se rapprochent; leur clarté combinée produit le vert sur les surfaces éclairées par tous deux; le jaune ou le bleu sur celles qui ne reçoivent qu'une seule lumière. Bientôt le jaune s'approche du bleu; déjà il entoure son disque, et le vert répandu sur le monde pâlit,... pâlit jusqu'au moment où il meurt, fondu dans l'or qui maintenant déverse en maître son rayonnement cristallin. L'éclipse totale colore le monde en jaune. L'éclipse annulaire montre une bague bleue autour d'une pièce d'or. Peu à peu, insensiblement, le vert renaît et revient prendre son empire. Ajoutons à ce phénomène celui qui se produirait si quelque lune venait au beau milieu de cette éclipse dorée couvrir le Soleil jaune lui-même et plonger le monde dans l'obscurité, puis, suivant la relation existante entre son mouvement et celui du Soleil, continuant de le cacher après sa sortie du disque bleu, et laissant la nature retomber sous les rideaux d'une nouvelle couche azurée. Ajoutons encore... mais non, c'est le trésor inépuisable de la Nature; y plonger à pleines mains, c'est n'y rien prendre.

Avouons-le! ces splendeurs inconnues sont vraiment tentatrices. C'est à désirer de quitter la Terre pour s'envoler vers ces mondes merveilleux. Si les hommes qui redoutent tant la perspective qui nous attend tous connaissaient l'existence de ces spectacles célestes, peut-être regretteraient-ils moins notre pauvre petite planète.

Il est toujours plus agréable de rester dans le monde de la contemplation que de redescendre dans celui des petites controverses, mais comme l'objection non résolue s'oppose à ce que l'esprit reçoive avec calme les bonnes impressions, il est utile de lever l'objection maussade quand l'occasion s'en présente. Il y a certains hommes beaucoup plus disposés à critiquer l'observation scientifique qu'à l'accepter; ils aiment mieux ce qui est incomplet que ce qui est complet, et préfèrent le laid au beau. Ces gens-là ont l'humeur malencontreuse et sont un spécifique infaillible contre les rêves d'or; pourvu qu'ils s'opposent au bonheur, même le plus inoffensif, ils sont contents. Ainsi, si la manière dont nous venons de parler des étoiles colorées les porte à croire que nous aimons ces étoiles, et que leur état merveilleux nous fait plaisir, ils chercheront à nous priver de cette innocente jouissance. « Ce sont là des effets de contraste, nous diront-ils; n'y mettez pas tant d'importance. N'avez-vous pas vu que les couleurs des étoiles doubles sont souvent complémentaires, et que l'optique explique parfaitement ces illusions accidentelles? Une faible lumière blanche paraît verte dès qu'on en approche une forte lumière rouge; elle devient bleue si la seconde lumière est jaunâtre, etc. Cessez donc de tant admirer ces effets d'optique qui n'ont rien de réel. »

Pardon, ces effets sont très-réels (si ce superlatif est nécessaire); malgré notre faiblesse pour ce séduisant monde aérien des couleurs, nous n'allons pas jusqu'à fermer les yeux; ce serait là, du reste, un fort mauvais moyen de satisfaire notre admiration. Certes, oui, le contraste est possible, et, dans certains cas, il s'est, en effet, manifesté avec évidence. Aussi sommes-nous les premiers à reléguer dans le domaine des chimères les effets non objectifs. Mais ils sont rares, très-rares. Dites-nous si c'est par contraste qu'une petite étoile bleue accompagne une brillante étoile blanche. Dites-nous si c'est par contraste que deux étoiles bleues brillent ensemble au même point du ciel. Par quel contraste avons-nous une étoile jaune et une pourpre? Une perle et une orange sont-elles dues aussi à un contraste d'optique?

Du reste nous avons un moyen de vérifier la réalité dans le cas des illusions possibles, comme dans celui où le vert est allié au rouge, le jaune au bleu : c'est de cacher l'étoile principale avec un fil ou un étroit diaphragme placé dans la lunette; si pendant l'occultation d'une étoile, sa voisine garde la même teinte, on ne peut se refuser à regarder cette teinte comme réelle (*).

Quelles sont maintenant les causes qui donnent à ces étoiles la coloration dont elles sont parées? Quelle est la cause qui donne à notre Soleil sa lumière? La science ne possède pas encore les éléments nécessaires pour résoudre cette question. Et sur les univers lointains, l'analogie si souvent utile nous fait entièrement défaut. Nous ne pouvons mettre en présence deux Soleils, et peut-être les phénomènes observés sur les systèmes binaires sont-ils dus à l'action que deux Soleils chimiquement et physiquement différents exercent inévitablement l'un sur l'autre. Peut-être aussi, en certains cas, la coloration a-t-elle son principe dans des atmosphères gazeuses enveloppant ces astres et donnant à la lumière originairement blanche qui les traverse certain aspect coloré dépendant des principes qui les constituent.

Les nuances des étoiles colorées sont-elles permanentes, ou se modifient-elles avec le temps? C'est là une nouvelle question digne d'intérêt, et à laquelle on est autorisé à répondre affirmativement. Quoiqu'il n'y ait pas cent ans que l'on observe la coloration des étoiles doubles, et que ce laps de temps paraisse trop court pour que de tels changements se soient effectués,

(*) Certains systèmes d'étoiles multiples colorées sont très-remarquables. Nous avons représenté les principaux ($\varkappa$ de Pégase, 61e du Cygne, γ d'Andromède, γ du Lion, η de Persée, etc.) dans nos *Merveilles célestes*, 2e édition, p. 159. Cette planche permet de constater que ce ne sont pas là des effets de contraste.

les observations de Struve et d'observateurs plus récents, comparées à celles de W. Herschel, tendent à montrer que certaines étoiles jaunes du temps de celui-ci sont devenues depuis orangées et même rouges. D'autres variations ont encore été signalées. M. Piazzi Smith, observant l'année dernière au pic de Ténériffe, et comparant ses observations à celles qu'il avait faites au même lieu en 1856, signala sur quelques étoiles des changements de couleur réels et considérables affectant, tantôt un seul des deux individus d'une étoile double, tantôt les deux à la fois. La comparaison avec les observations antérieures indique notamment pour 95 d'Hercule des changements réguliers et périodiques, dont la cause réside dans l'étoile elle-même et qui dépendent des milieux qui l'environnent. Notre savant ami M. Goldschmidt a constaté le même fait pour σ de Persée. La couleur rose de cette étoile lui paraissant soumise à des variations, il l'examina attentivement. Il constata qu'elle varie du rouge au blanc en passant par toutes les nuances, rose, orangé, jaune. Au premier abord, il était naturel de penser que ces variations de nuances dépendaient de la vision individuelle des observateurs, du verre des lunettes, ou de circonstances locales; mais en observant séparément nous avons pu constater tous deux que pour un certain nombre d'étoiles, il y a variation réelle.

Mais cette variabilité de coloration est insignifiante à côté de la variabilité que l'on remarque dans la *lumière* même de certains astres du ciel. Ce nouveau point de vue du panorama stellaire ne sera pas moins remarquable que les précédents.

III

Étoiles périodiques, soleils à lumière variable.

Parmi les astres qui scintillent avec calme dans la nuit profonde et dont la lumière paraît plus que toute autre fixe et permanente, il en est, en effet, un certain nombre dont l'éclat varie périodiquement, passant par tous les degrés de lumière, du premier au dernier ordre de la visibilité, suivant un cycle ordinairement régulier, mais dont la durée varie à l'infini. L'une des plus singulières des variables est l'étoile η d'Argo, dont les voyageurs à l'hémisphère austral ont observé la variation depuis près de deux siècles. A. de Humboldt donne à son sujet des détails que nous pouvons résumer comme il suit :

Dès 1677, Halley, à son retour de l'île Sainte-Hélène, émettait des doutes sur la constance d'éclat des étoiles du navire Argo; il avait surtout en vue celles qui se trouvent sur le bouclier de la proue et sur le tillac dont Ptolémée a indiqué les grandeurs. Mais l'incertitude des désignations anciennes, les variantes des manuscrits de l'Almageste, et surtout la difficulté d'observer des évaluations exactes ne permirent point à Halley de transformer ses soupçons en certitude. En 1677, il rangeait η d'Argo parmi les étoiles de 4e grandeur ; en 1751, Lacaille la trouvait déjà de 2e grandeur. Plus tard, elle reprit son faible éclat primitif, puisqu'elle fut observée de 4e grandeur de 1811 à 1815. Depuis 1822 jusqu'en 1826, on la vit de 2e grandeur.

En 1827 on la trouve de 1re grandeur et presque égale à α de la Croix. Un an plus tard, elle était revenue à la 2e grandeur. C'est à cette classe qu'elle appartenait quand Burchell l'observait à Goyaz le 29 février 1828; c'est sous cette grandeur que Johnson et Taylor l'inscrivirent dans leurs catalogues de 1829 à 1833, et quand sir John Herschel alla observer au cap de Bonne-Espérance, il la plaça constamment, de 1834 à 1837, entre la 2e et la 1re grandeur.

Sous les yeux même d'Herschel, en décembre 1837, l'étoile parut augmenter d'éclat avec tant de rapidité qu'elle atteignit, le 2 janvier suivant, la grandeur de α du Centaure, restant à peine inférieure à Canopus et à Sirius. Elle s'affaiblit ensuite jusqu'en mars 1843, sans descendre cependant jusqu'à la seconde grandeur; mais en avril, elle acquit avec rapidité son éclat le plus vif, surpassa même Canopus et devint rivale de Sirius. Jusqu'en 1850, elle garda cet éclat extraordinaire.

Cette étoile remarquable n'est pas la première des variables que l'on ait remarquée; dès 1596, Fabricius, le père de celui qui vit pour la première fois les taches du Soleil, avait aperçu dans le col de la Baleine un astre de 3e grandeur, qui disparut la même année. Bayer, Holwarda, Fullénius, Jungius, Hévélius, Cassini, Bouillaud, Herschel, observèrent, depuis le commencement du XVIIe siècle jusqu'à la fin du XVIIIe, les changements d'éclat par lesquels l'étoile passa et revint successivement. A l'aide de leurs observations minutieuses, on put constater que cette étoile « admirable de la Baleine, » *Mira Ceti*, qui avait légitimement attiré l'attention, varie de la 2e grandeur à la disparition complète, mais que l'étoile ne revient pas toujours au même éclat. Une période de 331 jours 15 heures 7 minutes rend compte des apparences en supposant que cette durée est assujettie à une variation en plus ou en moins embrassant 88 de ces périodes.

Les étoiles doubles χ du Cygne, α d'Hercule, β de la Lyre, dont nous avons parlé, sont également des étoiles variables. La première passe de la 4e grandeur à la disparition en 406 jours ; la seconde varie dans la 3e grandeur en 67 jours ; la périodicité de la 3e est de 12 jours 21 heures, et sa variation de la 3e à la 4e grandeur. Dans cette période de 12 jours, elle passe de plus par deux maxima et deux minima.

Il est bon de remarquer ici que lorsque nous disons qu'une étoile varie de telle grandeur à la disparition complète, cela n'implique pas qu'en réalité elle s'éteigne tout à fait ; cette expression signifie seulement qu'elle descend au-dessous de la puissance visuelle de nos instruments. La limite de nos perceptions n'est pas celle des actions de la nature.

On rencontre des étoiles variables dans toutes les grandeurs et dans toutes les couleurs. α d'Orion est une variable de première grandeur, α de l'Hydre est de seconde, β de la Lyre de troisième, etc. Algol est une variable blanche, η de l'Aigle est jaune, o de la Baleine est rouge, etc. On serait du reste fondé à avancer que tous les astres du ciel sont variables, mais que la plupart varient avec une extrême lenteur et que des siècles sont de faibles mesures pour leurs longues périodes. En songeant à cela, notre Soleil, qui ne fait pas exception à la règle générale, subit dans notre esprit une sorte de transformation atténuant le caractère de stabilité dont nous sommes portés à le revêtir ; nous pouvons légitimement nous demander si, durant la longue série des âges géologiques, sa lumière et sa chaleur n'ont pas subi certaines variations dont l'influence ait été sensible sur la formation du berceau de la Terre, et si, dans les siècles qui sont encore réservés à l'existence de notre monde, cette lumière et cette chaleur, dont l'action nous importe si fort, ne viendront pas à s'affaiblir ou à s'accroître. De telles perspectives sont encore dans le domaine des pures conjectures ; mais l'histoire de notre univers peut être beaucoup plus complexe qu'elle ne le paraît dans une série temporaire.

A quelle immense variété cet état de choses ne doit-il pas donner naissance dans la physique et dans l'économie physiologique des systèmes qui appartiennent à ces astres merveilleux? de quel nom exprimer l'étendue des transformations qui tour à tour revêtent ces mondes d'une parure nouvelle ? Quelque surprenants qu'ils soient, les tableaux que notre imagination est susceptible de se former au seul point de vue de la coloration des étoiles ne sont-ils pas encore infiniment rehaussés par l'effet de ces Soleils qui s'allument et s'éclipsent périodiquement, qui revêtent toutes les nuances et rayonnent toutes les couleurs, passant de l'or à la pourpre, du rouge au violet, et durant ces intervalles plongent le monde dans tous les degrés de coloration et de lumière qui soient possibles ? Si l'imagination la plus active succombait déjà devant la variété infinie des fixes colorées, que devient-elle lorsqu'elle cherche à définir la variabilité de ces mêmes corps?

Les explications de la physique, de la chimie, de la mécanique, ne suffisent pas non plus pour rendre compte de ces réalités ; plus d'une même porterait au rire l'être qui posséderait la clef du gouvernement du ciel. Voici par exemple un bon Père qui met personnellement en cause l'Être suprême, disant qu'au commencement du monde, les étoiles furent créées brillantes d'un côté et obscures de l'autre, et que lorsqu'il plaît au bon Dieu de se manifester aux hommes de cette façon, il tourne de notre côté la moitié lumineuse de ces espèces de lanternes stellaires. Un physicien plus instruit, mais également peu choyé du sarcastique Voltaire, regardait les étoiles variables comme des lentilles tournant sur leur tranche ; elles nous paraîtraient d'autant plus lumineuses qu'elles nous présenteraient plus perpendiculairement leur face, et paraîtraient s'affaiblir périodiquement, suivant qu'elles tourneraient vers nous leur tranche amincie.... Il est probable qu'une seule explication ne suffirait pas pour toutes les variables, et que des causes diverses doivent agir suivant les cas. Mais quelle que soit l'explication que l'on adopte, le merveilleux reste devant notre esprit, nous ouvrant les portes, souvent trop faciles, de l'imaginaire. Soit que l'on voie, dans ces soleils, des régions diversement éclairées, se présentant successivement à l'œil de l'observateur par suite d'un mouvement de rotation, soit que certaines régions de ces soleils soient complétement obscures, soit que quelques-uns d'entre eux aient une forme non sphérique, soit que quelques autres subissent en réalité dans leur constitution intime des révolutions irrégulières, soit que des corps circulant nombreux alentour cachent plus ou moins leur surface éclairante, soit enfin que des nuages cosmiques formés autour d'eux les enveloppent, ces astres mystérieux se présentent à nos regards avec tout l'attrait de la nouveauté, tout le charme de l'inconnu.

L'hypothèse la plus plausible, et sans doute la plus généralement applicable, est de considérer ces astres variables comme des soleils analogues au nôtre, mais couverts d'un plus grand nombre de taches; leur rotation amènerait de notre côté tantôt un hémisphère immaculé, tantôt une surabondance de taches. Outre la rotation, le nombre des taches peut être soumis à une certaine périodicité, comme nous le voyons pour notre Soleil.

L'imagination peut à son gré voyager dans ces créations inexplorées. Nul œil humain n'a pu encore en pénétrer les secrets, nul homme n'est venu dire s'il est possible à notre être de voler jusque-là et de contempler ces énigmatiques transformations. A quelles variations de chaleur, de magnétisme, d'électricité, ces périodes doivent-elles donner naissance? quel est le régime des mondes enfermés en de tels systèmes? sous quelle forme la vie s'y manifeste-t-elle et s'y soutient-elle ? quelles lois y dominent, quelles forces y circulent? Questions riches, mais infécondes, problèmes curieux, mais insolubles! L'infini de la nature a laissé là son empreinte, et c'est à peine si du seuil, il nous est permis d'en contempler en esprit les perspectives interminables.

Que devient notre système planétaire avec toutes ses richesses, en présence de ces créations étrangères ? De

Neptune au Soleil, il ne forme plus qu'un point; on ne distingue plus Jupiter de la Terre, ni Saturne de Mars; c'est un même pays, soumis à la même puissance, gouverné par les mêmes lois, et dont tous les individus se ressemblent; c'est une même famille serrée autour du même père. Lorsque nos regards, s'étendant à peine au-delà du globe que nous habitons, croyaient franchir une grande distance en s'arrêtant à Jupiter, à deux cent millions de lieues, à Uranus, à sept cent millions, nous nous imaginions trouver une grande variété dans la différence de conditions des diverses planètes de notre système. Cette variété si étendue, lorsqu'on la compare aux variétés terrestres, nous paraissait fermer l'horizon du possible. Qu'est-ce aujourd'hui lorsque nous savons que tous les systèmes ne sont pas comme le nôtre soumis au même centre de forces, mais à plusieurs pouvoirs qui tantôt s'associent et tantôt se combattent, et soit par leur union, soit par leur rivalité, donnent naissance aux jeux inimaginables de ce protée indéfinissable que l'on appelle le Possible!

Ce n'est qu'en s'éloignant du lieu céleste où nous sommes que l'on peut se former une idée saine de l'étendue de la création; encore n'avons-nous dans nos plus longues excursions stellaires qu'une apparence confuse de la réalité inconnue. Mais en détournant pendant quelques instants nos regards de cette Terre et de sa circonscription, nous apprenons du moins à mieux juger sa valeur et sa relativité dans l'ensemble. C'est là une condition nécessaire de nos progrès dans la science du monde. Que notre conception s'élève donc au-dessus des fausses apparences, qu'elle prenne son essor dans les champs du ciel et qu'elle se développe à mesure qu'elle avance dans la création sans bornes. C'est par l'ampleur du regard, la hauteur de l'œil, l'étendue de l'horizon, que l'on juge la valeur naturelle d'une contrée : la fourmi ne connaît ni le ciel ni la terre et n'a jamais vu que les grains de poussière qu'elle amoncelle ; l'aigle plane du haut des airs et mesure dans son regard les hautes montagnes comme les plaines immenses.

Lointains univers, dont la richesse et la beauté se déroulent parmi les profondeurs des espaces inaccessibles, qui nous dira les merveilles de votre nature inconnue? Le rayon lumineux, plus rapide que l'éclair, emploie des siècles pour arriver jusqu'à vous, l'incommensurable nous sépare. Sous quelle forme les lois universelles du monde agissent-elles en vous, sous quel aspect se manifestent-elles, quel est le mode et l'étendue de leur pouvoir? De quelles propriétés sont doués les éléments qui vous composent? La dynamique, force vitale de l'univers, n'est-elle, chez vous comme ici, que l'inextricable réseau des forces secondaires, ou sa simplicité s'y révèle-t-elle dans tout son jour? Les agents que dans notre langage figuré nous nommons impondérables dévoilent-ils chez vous le mode si mystérieux de leur action et l'essence de leur être, ou s'exercent-ils comme ici sous le voile impénétrable des mouvements invisibles? Cachent-ils leur vrai caractère dans des alliances mutuelles, ou se montrent-ils isolés, permettant à l'esprit de suivre leur marche individuelle? Comment se manifeste, chez vous, cette puissance inconnue qui crée la vie et alimente éternellement le flambeau des existences?

Nous avions cru, par l'étude de notre monde, arriver à la connaissance des lois absolues; nous parlions de la lumière, de la chaleur, de l'électricité, comme si les agents mystérieux que ces noms représentent étaient connus dans l'étendue de leur puissance. Vous nous montrez combien les manifestations qui s'accomplissent sous nos yeux sont loin d'être les seules qui aient cours dans l'univers. Par vous nous savons que la Terre, champ de l'observation humaine, n'est point le livre de la nature, qu'elle n'en forme qu'un chapitre, qu'une page. Heureux encore s'il nous était donné de bien lire cette page! Lorsque la connaissance du tout nous est interdite, faisons nos efforts pour bien connaître la partie. La science de la Terre est un point de départ pour la science de l'univers; elle sert de base et de point de comparaison aux premières notions que nous nous efforçons d'acquérir au-delà du champ limité du travail de chaque jour.

Beaux soirs d'été, qui lentement descendez des cieux sur le jour clair, venez encore baigner la Terre de votre auréole dorée! Ouvrez encore à la brise parfumée les portes des vallons sinueux, laissez encore tomber, comme une rosée d'air, la brume des crépuscules! Que les nuances harmonieuses qui se fondent insensiblement du couchant vermeil au zénith d'azur décorent encore cette voûte superbe; que nos regards charmés puissent encore errer amplement dans cette douce et gigantesque profondeur! Douces heures du soir, ne vous envolez pas! Nous aimons ce calme universel dont la nature s'enveloppe avant de s'endormir, nous aimons cette paix inaltérable qui tombe des étoiles naissantes. Faites-nous encore assister à ce recueillement profond auquel tous les êtres participent comme s'ils en avaient conscience ; faites-nous encore entendre ce dernier bruissement du tremblant feuillage. Le ciel étoilé qui s'allume, la Terre qui s'endort : ce sont là des spectacles qui nous éloignent d'un monde aux passions bruyantes, voluptés de l'âme que nous goûtons en paix, et qui rapprochent nos pensées de cet être invisible et immense que l'on nomme la *Nature*. Mais quelles que soient, ô beaux soirs, les douceurs de votre contemplation, quelque délicieux que soient les instants que vous nous donnez, les premières étoiles que vous allumez dans l'infini seront toujours là pour nous attirer plus invinciblement encore, pour ravir plus chèrement nos regards et nos pensées. Elles nous disent que si la Terre est bien belle et que si l'homme peut puiser en son séjour des satisfactions bien précieuses, le ciel est plus magnifique encore, et doit être pour nous une source intarissable de joies intimes, non moins agréables, plus profondes et plus pures.

Décembre 1864.

L'ASTRONOMIE

EN

1865 ET 1866

L'ASTRONOMIE

EN

1865 ET 1866.

Notre premier volume, continuant la revue antérieure de M. Babinet sur les progrès de l'astronomie pendant ces dernières années, a exposé les événements arrivés dans le ciel en 1863 et 1864. Nous porterons notre attention aujourd'hui sur les événements du même ordre qui sont venus enrichir les annales de l'astronomie en 1865 et 1866. Cet examen successif a non-seulement pour objet de nous rendre maîtres des découvertes contemporaines faites à la même époque par les astronomes des diverses nations; mais par la connaissance de ces faits nous apprenons à rendre nos études personnelles plus fécondes et à entrevoir comme à préparer les découvertes futures. C'est par la réunion des faits acquis par tous ceux qui travaillent aux mêmes études que la science générale progresse, sans luttes inutiles et sans rétrogradations.

Dans l'ensemble des derniers travaux astronomiques, dont nous avons à nous occuper ici, deux points particuliers dominent, et se sont du reste attaché l'attention générale au moment où ils ont paru dans le monde des astronomes. Nous voulons parler de l'étoile nouvelle apparue au mois de mai 1866 dans la petite constellation de la Couronne boréale, et du grand flux d'étoiles filantes observé pendant la nuit du 13 au 14 novembre 1866. Nous donnerons la première place à la mystérieuse étrangère, et par les documents arrivés des divers points du globe, nous ferons en sorte de découvrir, sinon son extrait de naissance, du moins les liens de parenté qui peuvent l'unir aux autres étoiles du ciel.

Avant de faire l'historique de cette étoile nouvelle, il est intéressant d'envisager la question des astres temporaires sous son aspect général. Nous venons déjà de côtoyer ce sujet dans notre étude sur les univers lointains ; mais l'actualité de cette apparition nous invite ici à un examen spécial, dont le premier résultat sera de transformer rapidement notre opinion commune sur la léthargie apparente du ciel.

I.

DU MOUVEMENT ET DE LA VIE DANS LE CIEL.

La méditation, le silence, la paix profonde, l'immuable sérénité qui descendent des étoiles, à l'heure où l'esprit pensif rêve aux pieds de la Nuit; la quiétude qui tombe du haut des cieux ; le calme que les heures nocturnes répandent autour de l'âme agitée; la consolation que les regards d'en haut apportent avec eux ; la sainte majesté qui étend ses ailes sur le monde endormi ; tout cet ensemble mystérieux et grandiose qui constitue le domaine de la nuit couvre notre pensée d'une impression dominante. Il nous semble que le silence et l'immobilité président l'Etat céleste. Le ciel nous paraît être le royaume de l'invariable. Nul changement ne s'y remarque. A l'opposé de la terre, faible atome sans cesse tourmenté par mille révolutions, proie décimée par l'inexorable avidité de la vie, le ciel reste calme, froid, impassible. Il domine notre monde comme l'œil insoumis de la fatalité. Les anciens l'appelaient « le seul être non changeant ; » Aristote lui décerna le titre d'incorruptible ; saint Thomas d'Aquin bâtit un vaste édifice sur cette incorruptibilité. Le royaume des cieux, d'après les apparences causées par nos sens, fut unanimement considéré comme le type de l'immobilité éternelle.

Cependant dès le temps d'Hipparque, il y a juste 2,000 ans, on avait déjà remarqué une exception à cette prétendue loi d'incorruptibilité. Pline nous apprend de son côté que les astronomes européens avaient remarqué dans la constellation du Scorpion l'apparition d'une nouvelle étoile. Cet événement est antérieur de six ans à la confection du premier catalogue d'étoiles, et c'est lui qui en suggéra l'idée. Dans la même année (134 av. J.-C.), l'astronome chinois Ma-Tuan-Lin nous rapporte qu'une étoile nouvelle fut observée par ses compatriotes dans la même constellation du Scorpion. Depuis cette époque déjà lointaine, les annales de l'astronomie ont enregistré un certain nombre (20 à 25) d'apparitions d'astres inconnus, observés soit en Chine, soit en Europe. La plus mémorable d'entre elles, celle qui jeta dans l'esprit des hommes l'étonnement le plus ineffaçable, c'est sans contredit la fameuse apparition de novembre 1572. Le massacre de la Saint-Barthélemy, accompli quelques mois auparavant, le malaise général, la terreur et la privation qui pesaient en nos contrées, l'attente encore crédule quoique vingt fois trompée de la fin du monde, la direction funeste des événements donnaient à cette apparition un caractère céleste, manifestant clairement les desseins terribles du Créateur. Cette étoile gigantesque, subitement apparue, surpassait en éclat toute l'armée des cieux. Tycho-Brahé, qui écrivit son histoire, déclare que Sirius, la Lyre, Jupiter pâlissaient auprès d'elle et qu'on la voyait en plein jour. Cardan compulsa les manuscrits poussiéreux de l'antique grimoire, et trouva que cette étoile mystérieuse était la même que celle des Mages. Théodore de Bèze, poursuivant la même hypothèse, déclara à l'Europe consternée que cette apparition annonçait le second avénement de l'Homme-Dieu, comme l'apparition orientale de Bethléem avait annoncé le premier. L'antechrist devait être né, d'après les calculs de Stoffler et de Léovice ; la fin du monde approchait; le jugement dernier se préparait ; déjà l'on entendait le bruit lointain des préparatifs, et bientôt les étoiles allaient tomber du ciel.

Mais l'étoile de Cassiopée commença à diminuer d'éclat, dès le mois de décembre de la même année 1572. En mars 1573, elle était au rang moyen des étoiles de première grandeur ; en avril elle descendait au second ordre ; et successivement elle descendit jusqu'à la dernière grandeur. En mars 1574, elle avait complétement disparu à l'œil nu. Le premier télescope ne fut inventé que 37 ans plus tard.

Après l'étoile de 1572, la plus célèbre est celle qui parut en octobre 1604, dans le Serpentaire, et qui fut observée par deux illustres astronomes : Kepler et Galilée. Comme il était arrivé pour la précédente, son éclat s'affaiblit insensiblement; elle vécut quinze mois et disparut sans laisser de traces. En 1670, une autre étoile temporaire, allumée dans la tête du Renard, offrit le singulier phénomène de s'éteindre et de se ranimer plusieurs fois avant de s'évanouir complétement. La dernière étoile de ce genre est celle d'Ophiuchus, apparue au mois d'avril 1848, astre faible et éphémère qui s'était complétement éteint avant même la fin de la seconde république.

En cette année (de grâce ou de péché) 1866, un nouveau monde vient de s'allumer dans notre ciel. Nos lecteurs connaissent sans contredit la petite constellation qu'on appelle la *Couronne boréale*. C'est une circonférence marquée par une série de petites étoiles. Ceux qui ne l'ont pas encore vue la trouveront facilement en sachant qu'elle est à peu près au tiers du chemin qui va d'Arcturus à Véga. Arcturus, c'est cette brillante étoile de première grandeur qui étincelle à quelque distance de la grande Ourse, sur le prolongement des trois étoiles qui forment sa queue (ou des trois chevaux du Chariot de David). Véga, c'est également une magnifique étoile de première grandeur qui, avec Arcturus et l'étoile polaire, forme un triangle équilatéral, et qui se trouve de l'autre côté de la petite Ourse relativement à la grande Ourse. Or, cette constellation de la

Couronne se compose d'abord d'une étoile assez brillante, de troisième grandeur, α ou la *Perle;* puis, du côté gauche ou oriental, de deux étoiles plus petites, de quatrième grandeur, γ et δ, à peu près en ligne droite; puis d'une quatrième, ε, de même grandeur, qui commence à marquer la circonférence; puis de deux beaucoup plus petites, qui forment le cercle, du côté du nord; enfin, de deux autres, ο et β, de quatrième grandeur, qui terminent la circonférence en rejoignant α, par laquelle nous avons commencé. Ce sont là les principales de la Couronne, et elles sont toutes visibles à l'œil nu.

Depuis deux mille ans que cette constellation fut dessinée par Hipparque et Ptolémée, en même temps que les principales de notre hémisphère, aucun observateur n'avait remarqué ni signalé dans cet astérisme d'autres étoiles que celles que nous venons d'indiquer.

Cependant, dans la soirée du dimanche 13 mai 1866, une nouvelle étoile fut remarquée au bord de cette couronne stellaire, au-dessous de ε, et formant avec ε et δ un triangle équilatéral. Cette étoile nouvelle ne s'y trouvait pas deux jours auparavant. Elle était alors beaucoup plus brillante que α, la Perle de la Couronne, beaucoup plus par conséquent que γ et δ, et formait comme le pendant brillant de la Perle.

Cette étoile, observée en France, ajoutait donc un nouveau fleuron à la Couronne. Certes, si nous étions de trois siècles plus jeunes, et si Napoléon III avait comme Catherine de Médicis son astrologue aux Tuileries, la coïncidence de cette apparition et des événements politiques actuels serait plus que suffisante pour traduire diplomatiquement cé signe céleste en « provinces rhénanes, » peut-être même en « couronne de fer. » Mais nous sommes à une époque de progrès (profitons de la circonstance pour le dire), et nous savons aujourd'hui que les étoiles ne s'occupent guère de nous, attendu que, à la distance où elles sont, notre insignifiant petit globule est complétement invisible.

D'ailleurs, comme celle de 1848, comme celles de 1670 (mort de la duchesse d'Orléans), de 1604 (publication de *Don Quichotte*), et de 1584 (mort du duc d'Anjou, héritier de Henri III, qui élève Henri de Navarre à l'héritage de la couronne), comme celle de 1572, dont nous avons parlé, et comme beaucoup d'autres, notre étoile a vu sa lumière s'affaiblir successivement et redescendre dans la nuit de l'invisible. Il n'y avait pas un mois qu'elle était apparue, que déjà l'œil étonné la cherchait en vain.

A quelle cause sont dues ces apparitions d'étoiles temporaires? Pour sauver l'incorruptibilité des cieux, Fracastor, J. Dee, Elie Camerarius rendaient compte de l'étoile de 1572 en disant que cette étoile appelée nouvelle était aussi ancienne que le monde, ayant été créée au quatrième jour comme toutes les autres ; seulement qu'elle s'était tout d'un coup rapprochée de la terre et était devenue subitement visible.

Tout d'un coup ! La chose est facile à dire. Arago a renversé cette hypothèse d'un revers de main, en montrant que lors même que ce voyage s'accomplirait avec la vitesse de la lumière (77,000 lieues par seconde), il ne faudrait pas moins de 36 ans à une étoile pour arriver de la région de la 7e grandeur, c'est-à-dire de l'invisibilité, à la région de la première grandeur ; et autant pour s'en retourner.

Vallesius Covarrobianus émit l'idée qu'un *orbe* céleste, de cristal, s'était sans doute interposé devant cette étoile, qui auparavant était très-petite, et dont la lumière grossie par cette lentille d'un nouveau genre avait causé le phénomène observé. Quelle belle lentille de cristal de roche il faudrait pour s'étendre sur le disque d'un soleil !

Riccioli supposa qu'il y avait des étoiles lumineuses d'un côté et obscures de l'autre, et que, « quand Dieu veut montrer aux hommes quelques signes extraordinaires, il fait tourner brusquement une de ces étoiles sur son centre. »

Tycho-Brahé osa penser que l'étoile nouvelle était le résultat d'une récente agglomération d'une portion de la matière diffuse répandue dans tout l'univers.

Aujourd'hui on n'a pas encore dénoué l'énigme, car il n'y a pas d'épée d'Alexandre pour les nœuds gordiens du ciel. De toutes les hypothèses présentées, la préférable est de voir dans ces soleils des astres en voie de formation, dont l'incandescence subite est causée par les gaz et les liquides à l'état d'ignition, de combustion ou de combinaison. La terre où nous sommes passa jadis par cette période. Quand la surface qui se solidifie intercepte le rayonnement lumineux et couvre de taches le disque étincelant, l'astre paraît diminuer et disparaître.

La merveille la plus curieuse, c'est que nous ne voyons pas ces événements au moment où ils s'accomplissent, mais longtemps *après qu'ils sont passés*. En effet, il n'y a pas d'étoiles dont la lumière n'emploie moins de plusieurs années pour traverser la distance qui les sépare de nous. Il en est dont le rayon lumineux ne nous arrive qu'après des centaines et des milliers d'années de vol incessant. Lors donc que nous regardons une étoile, nous recevons d'elle, non le rayon qu'elle nous envoie à l'instant où nous l'observons, mais celui qu'elle nous a envoyé il y a dix, vingt, cent ans, etc., selon sa distance et selon l'intervalle nécessaire.

L'étoile que nous venons de voir apparaître et disparaître existe donc depuis longtemps. L'histoire de sa formation est peut-être contemporaine de l'histoire de la Terre. Aujourd'hui peut-être, comme le nôtre, ce globe est tranquille et habité par les manifestations régulières de la vie. Autrefois, en même temps que la Terre, il fut le jouet des révolutions intérieures ; c'est *seulement aujourd'hui* que ces révolutions nous arrivent sur l'aile de la lumière, et nous nous imaginons qu'elles s'accomplissent actuellement, quoiqu'elles se soient écoulées à l'époque où le rayon lumineux qui nous arrive aujourd'hui est sorti de cette étoile, il y a peut-être plusieurs centaines de mille ans.

Réciproquement, peut-être les habitants de ce monde lointain, se promenant le soir sur leur terrasse, viennent-ils de remarquer, à l'aide d'instruments d'une portée nouvelle, notre Terre apparaître incandescente : ils assistent à la création du monde terrestre, et, s'ils avaient d'assez excellents appareils pour distinguer les habitants de ce globe, ils observeraient non l'état actuel de sa population, mais ses hôtes d'avant le déluge !

Nous ne voyons aucun astre dans le ciel *tel qu'il est*, mais *tel qu'il fut*.

Ainsi, non-seulement nous ignorons quels mouvements formidables s'accomplissent dans l'immensité des mondes ; non-seulement nous sommes étrangers à cette création inaccessible que nous croyions pourtant faite pour nous, mais encore les fragments de son histoire qu'il nous est parfois permis de saisir ne nous parviennent que par occasion et longtemps après que les êtres intéressés à cette histoire ne s'en occupent plus. Ce sont de vieilles nouvelles. Le sauvage des îles Sandwich à qui l'on raconte que le bon Dieu est né à Bethléem, petite ville de Juda, est bien plus au courant de l'histoire de l'Europe chrétienne que nous ne le sommes de l'histoire du ciel.

Mais les étoiles temporaires dont nous venons de nous entretenir ne sont pas les seuls indices des changements survenus dans le ciel. Il y a d'anciennes étoiles aujourd'hui disparues ; il en est dont l'éclat s'est affaibli de siècle en siècle ; il en est qui voient en perspective leur extinction prochaine (et peut-être notre soleil est-il de ce nombre) ; il en est dont l'éclat augmente ; il en est surtout un grand nombre de *variables*, régulièrement ou irrégulièrement périodiques, qui passent tour à tour de l'éclat le plus vif à l'invisibilité, qui s'allument et s'éteignent tour à tour, suivant des périodes déterminées. Il en est encore d'autres qui jettent des feux colorés et qui changent de couleur. Il en est d'autres qui sont multiples, associées par groupes de deux, trois, quatre, diversement nuancées, qui se bercent dans l'équilibre du ciel et marient leurs changeantes couleurs par mille combinaisons successives.

Notre étude précédente a appris à connaître ces différents systèmes de mondes.

Non, l'espace céleste ne doit plus être considéré comme la résidence de la tranquillité éternelle, du repos absolu, de la silencieuse incorruptibilité; c'est au contraire le vaste théâtre d'une vie immense, universelle, qui emporte dans son tourbillon chaque monde et chaque univers. Rien ne lui échappe. Les périodes sont lentes, mais tout change; tout se transforme, tout se meut dans la nature.

Ces mouvements immenses de la vie sidérale, ces créations et ces destructions, ces transformations formidables s'accomplissent dans l'étendue sans que nous connaissions un seul mot de leur histoire. Que de merveilles renferme un seul aspect du Protée infini de la nature! Des mondes, des systèmes de mondes, qui naissent et meurent sans que l'habitant de la terre s'en aperçoive! L'ignorance où notre faiblesse nous réduit sur l'état général du monde doit être d'un grand enseignement pour nous. Elle nous montre que nous ne comptons pas dans le recensement de l'univers. Nous ne sommes rien, ou à peu près. Relégués dans notre sous-sol obscur, on ne se préoccupe pas de nous. Ce qui se passe à la lumière, dans la cité active, nous ne le connaissons pas. A peine pouvons-nous rarement saisir par circonstance un vestige, en tenant constamment les yeux levés vers notre soupirail; du fond de notre océan bleu, un voile nous sépare de l'univers. Jadis nous nous croyions bien grands. Le monde était créé tout exprès pour nous; nous étions les rois de la création. Hélas! combien notre antique vanité doit rougir! Quelle était notre outrecuidance et comme les habitants des sphères supérieures se seraient ri de nous s'ils avaient connu notre orgueil! Dire que les étoiles sont placées dans le ciel pour nous montrer le pôle : est-il une vanité plus audacieuse? Certes, la science du ciel n'aurait-elle d'autre effet que de nous éclairer sur notre ancienne sottise, que ce serait encore là un service immense. Le plus beau résultat de l'étude, dans l'esprit sincère, c'est de nous amener à la conclusion que nous ne savons rien, que nous ne sommes rien, que nous ne comptons pour rien dans l'univers du Créateur. Mais si nous avons reçu le don d'intelligence, c'est pour élever notre pensée au-dessus de notre médiocrité physique, faire plier la matière sous la souveraineté de l'esprit, tendre sans cesse par des efforts vaillamment soutenus à acquérir la connaissance du vrai. Que notre âme soit au moins le miroir de la vérité; car elle n'a d'éclat, de valeur, de beauté, de grandeur que par la quantité du vrai qu'elle reçoit et qu'elle reflète sur les autres âmes, dans la sincérité d'une lumineuse candeur.

Ces considérations inspirées par le spectacle de la vie sidérale nous ont un peu éloignés de notre sujet principal. Revenons donc sans tarder à l'histoire de notre étoile nouvelle de 1866.

II.

APPARITION D'UNE ÉTOILE NOUVELLE DANS LA CONSTELLATION DE LA COURONNE BORÉALE.

Le dimanche 13 mai 1866, à 10 heures du soir, le propriétaire d'un petit observatoire privé (comme il y en a peu en France et beaucoup en Angleterre) M. Courbebaisse, ingénieur en chef des ponts et chaussées, à Rochefort, aperçut dans la constellation de la Couronne boréale une étoile assez brillante qui n'y était pas les jours précédents. La position de cette étoile, relativement aux étoiles voisines, fut déterminée par approximation et indiquée dans les termes suivants :

« Elle se trouve sur le prolongement de l'alignement α γ δ, jusqu'à sa rencontre avec la perpendiculaire élevée de ε sur ε δ. L'étoile nouvelle forme ainsi avec ε et δ un triangle rectangle dont ε est le sommet de l'angle droit ; sa distance à δ est à peu près égale à α γ. Étant presque aussi brillante que α la *Perle* de la Couronne, et beaucoup plus par conséquent que γ et δ, elle forme sur cet alignement comme le pendant brillant de la perle. »

La première idée qui se présente à l'esprit en recevant l'annonce d'un astre nouveau, c'est d'abord de la vérifier, ensuite de rechercher si cet astre n'est pas compris parmi les apparitions anciennes. Aussi notre premier devoir fut-il de dresser (d'après Humboldt) et de publier la liste suivante, représentant les *apparitions d'étoiles nouvelles temporaires* sur la certitude desquelles on peut compter :

134 ans avant J.-C. dans le Scorpion.
123 » après J.-C. dans Ophiuchus.
173 » dans le Centaure.
369 » ?
386 » dans le Sagittaire.
389 » dans l'Aigle.
393 » dans le Scorpion.
827 » ? dans le Scorpion.
945 » entre Céphée et Cassiopée.
1012 » dans le Bélier.
1203 » dans le Scorpion.
1230 » dans Ophiuchus.
1264 » entre Céphée et Cassiopée.
1572 » dans Cassiopée (près de κ).
1578 » ?
1584 » dans le Scorpion.
1600 » dans le Cygne.
1604 » dans Ophiucus.
1609 » ?
1670 » dans le Renard.
1848 » dans Ophiuchus.

On voit qu'aucune de ces étoiles historiquement signalées n'est apparue dans la Couronne. Comme cet astérisme date des Grecs, il n'y a pas d'erreur de position possible en sa faveur. Trois d'entre ces apparitions ne sont pas classées : celles de 369, de 1578 (que le catalogue de Ma-Tuan-Lin indique « aussi grande que le soleil »), et celle de 1609, que le même catalogue indique seulement comme « vue au sud-ouest »; aucun fait n'avance que la Couronne ait été le théâtre d'un semblable événement.

« L'apparition d'une étoile nouvelle, dit l'auteur du *Cosmos*, a toujours excité l'étonnement, surtout quand le phénomène a été subit, quand l'étoile était de première grandeur et fortement scintillante. C'est là en effet ce que l'on pourrait nommer à bon droit un événement dans l'univers. Ce qui était resté jusque-là caché à nos regards devient visible et révèle tout à coup son existence. La surprise, d'ailleurs, est d'autant plus vive que de pareils événements se présentent plus rarement dans la nature. » Ces événements sont en effet assez rares, puisqu'en 2,000 ans il y a tout au plus 22 apparitions d'étoiles dont on puisse garantir la réalité.

Existe-t-il une différence essentielle entre les étoiles nouvelles et les étoiles variables? Les astres temporaires ne sont-ils pas simplement des variables a longue période? Peut-être. De la liste précédente on est déjà autorisé à distraire les apparitions des années 393, 827, 1203 et 1609, si les inductions de M. Goldschmidt sont légitimement fondées. Nous le croyons, et nous partageons sa conviction. La période moyenne serait de 405 ans 70 jours, avec des variations possibles qui peuvent s'élever même à 29 ans, et qui n'étonneront pas les observateurs accoutumés à la manière de vivre de ces étoiles irrégulières.

Quoi qu'il en soit, on ne cite pas d'étoiles temporaires dans la Couronne. Nous les avons cherchées en vain, et nous n'avons trouvé qu'une *variable*, découverte par E. Pigott, en 1795, qui est considérée comme oscillant irrégulièrement de la 6e grandeur à l'invisibilité. Sa position aurait été 235° 36′ en ascension droite et 8° 237′ en déclinaison boréale. C'est presque la position que signale l'observateur de Rochefort pour l'étoile nouvelle. Elle forme bien un triangle rectangle avec ε et δ, le sommet de l'angle droit se trouvant à ε. Elle n'existe pas sur l'atlas céleste de Flamsteed, construit, comme on sait, avant 1795. Elle est indiquée sur les cartes modernes comme une variable de la 6e grandeur. Sur l'atlas de Dien, nous la trouvons à 235° 6′ seulement en Æ et à 28° 50′ de déclinaison. Au premier abord nous nous sommes demandé si cette variable ne serait pas montée de la 6e à la 3e grandeur? Elle est fort irrégulière. D'après Argelander, elle change parfois si peu d'intensité entre le maximum et le minimum, qu'on peut à peine discerner un affaiblissement. D'autres fois, au contraire, après quelques années de ces légères fluctuations, les variations deviennent si considérables que l'étoile, dans son minimum, disparaît complétement. Mais en examinant la nouvelle étoile, nous avons constaté que se trouvant au-dessous de ε, tandis que la variable se trouve au-dessus, elle ne peut lui être identifiée. En réalité, elle est en dehors de la Couronne.

Dans le traité d'astronomie qu'il vient de publier, M. Petit, le regretté directeur de l'Observatoire de Toulouse, se demande si les trois étoiles de 945, 1264 et 1572, ne seraient pas trois apparitions successives d'un même astre. Cette opinion, dit-il, qui permettrait de relier les étoiles nouvelles aux étoiles périodiques, acquiert un grand degré de probabilité par le simple rapprochement des dates et des points du ciel où se sont montrés les phénomènes. Tous les trois dans Cassiopée. 319 ans d'intervalle de 945 à 1264, 308 ans de 1264 à 1572; une différence de 11 ans seulement sur 308 et 319. Attendons quelques années, et nous pourrons peut-être constater la réalité de cette hypothèse. En ajoutant 313 ans à 1572, nous avons l'année 1885. En diminuant cet intervalle de quelques années, s'il est actuellement dans une période décroissante, comme chez un certain nombre d'étoiles, nous arrivons aux années où nous sommes. Peut-être saluerons-nous prochainement l'étoile mystérieuse de 1572! On annonce la nouvelle étoile comme étant de 3e grandeur. Pour nous, nous la voyons de 4e, et il nous semble qu'elle diminue déjà d'éclat. C'est, du reste, le sort subi par toutes les étoiles temporaires.

Ces considérations venaient d'être publiées lorsqu'à la séance de l'Académie des sciences du 4 juin suivant, M. Montucci, discutant la liste des étoiles nouvelles que nous avons classées plus haut, en tira une progression arithmétique fort ingénieuse, de laquelle il résulterait qu'un grand nombre d'étoiles nouvelles ne seraient qu'un seul et même astre, gravitant sur une orbite inconnue dans un intervalle de sept ans et neuf mois environ. Voici cette communication (*Cosmos*, 1866, II, p. 654, séance de l'Académie des sciences).

« Les articles de M. Flammarion sur la nouvelle étoile temporaire, observée dans la Couronne, ayant appelé mon attention sur la liste des dates des étoiles nouvelles, j'y ai remarqué certaines étoiles dont les époques viennent naturellement se ranger dans une progression arithmétique ayant 7,75 pour différence, et l'année 369 pour point de départ.

En voici le tableau :

Progression arithmétique calculée.		Époques correspondantes de la liste.	
369	= 369	369	
369 + 3 × 7,75 =	392,25	393	Scorpion
392,25 + 56 × 7,75 =	826,25	827	Scorpion
826,25 + 24 × 7,75 =	1012,25	1012	Bélier
1012,25 + 28 × 7,75 =	1229,25	1230	Ophiuchus
1229,25 + 45 × 7,65 =	1578	1578	
1578 + 4 × 7,75 =	1609	1609	
1609 + 8 × 7,75 =	1671	1670	Renard

« En examinant ce tableau, on voit : 1° qu'il ne s'agit pas ici d'un simple à peu près, comme dans les années 944, 1265 et 1572 examinées par M. Petit, ou dans les années 393, 827, 1203 et 1609 comparées par M. Goldschmidt, mais d'une progression arithmétique aussi rigoureuse qu'on peut la demander dans le cas d'indications de dates aussi vagues que celles que nous avons ; 2° que dans ma série l'année 1203, donnée par M. Goldschmidt, ne saurait trouver de place, et qu'au contraire on y trouve les années 369, 1012, 1230 et 1670, qu'il a laissées de côté parce que probablement elles ne figurent pas dans la même constellation, circonstance dont il m'est permis de faire bon marché, parce que je soupçonne l'existence, non pas d'une étoile temporaire, mais d'une comète ; 3° que de même que nous nous trouvons aujourd'hui à une date composée de 1865 années accomplies plus cinq mois, de même 392, 25 ainsi que 826, 25 et 1229, 25 signifient les années 393, 827 et 1230 non accomplies et contenues dans la liste ;

que par la même raison 1012, 25 montre une erreur de 3 mois au moins en trop, et 1671 constitue une erreur en trop d'une année entière au moins, erreurs possibles et parfaitement admissibles si l'on considère ce qu'il y a de vague dans les époques indiquées par Humboldt.

« Il résulte pour moi de tout ceci, que très-probablement on n'a vu dans les années indiquées que le retour d'une même étoile (ou comète sans gerbe?) parcourant une orbite quelconque dans un intervalle de 7 ans 9 mois environ. Si cette hypothèse se confirme, l'étoile en question aurait paru 193 fois depuis l'an 369 de notre ère jusqu'en 1670, et n'aurait été observée que huit fois dans ce laps de temps. En partant ensuite de 1670, elle aurait dû parcourir son orbite 24 fois entre 1670 et 1856 sans être vue ; sa dernière apparition aurait eu lieu en 1864. La différence d'environ 30 mois qui existe entre cette dernière époque et l'actuelle me paraît trop forte pour que l'on puisse relier l'étoile temporaire vue dernièrement à la série ci-dessus. Il serait difficile de répartir convenablement l'erreur, puisqu'à partir de 1670 il serait nécessaire d'augmenter le chiffre 7,75 ; tandis qu'avant 1670 il faudrait le diminuer pour abaisser 1671 d'une année. »

Cette théorie demande réflexion, et l'on nous permettra de ne pas encore la discuter, car elle a contre elle toutes les observations faites sur l'immobilité des étoiles nouvelles, qui décroissent et s'éteignent au lieu même où elles ont éclaté. Nous n'avons pas un assez grand nombre d'observations sur ces astres transitoires pour asseoir une théorie solide sur leur nature. Il serait surtout fort important que les astronomes placés dans les meilleures conditions atmosphériques aient pu se livrer à des études suivies. C'est la réflexion que nous communiqua le R. P. Secchi, directeur de l'Observatoire de Rome, dans une lettre particulière qu'il nous écrivit à cette époque sur ses derniers travaux. « Il est assez regrettable, nous disait-il, que je n'aie rien su de l'étoile parue tout dernièrement dans la Couronne, et ainsi que je ne l'aie pas pu examiner. M. Le Verrier, qui publie un bulletin quotidien, a différé cette notice très-intéressante si tard que je n'en ai pu profiter; heureusement que M. Huggins a pu observer après les indications des astronomes anglais; il y aurait eu sans doute beaucoup à voir et à étudier dans cet astre; les observateurs n'auraient jamais été en trop grand nombre.

« Mais voici une coïncidence assez curieuse que M. Respighi vient de m'indiquer; c'est que à très-peu près dans le lieu indiqué de cette étoile il y a sur le globe céleste anglais de *Cary* une nébuleuse, mais qui ne se trouve pas dans le catalogue Herschel. Il serait très-curieux d'examiner l'histoire de cette nébuleuse, comment elle fut introduite sur ce globe et sur quel fondement. La place est, comme je viens de dire, la même, autant qu'on peut en juger par la configuration. »

Les recherches comparatives faites sur la position de l'étoile nouvelle de 1866 et les divers catalogues ont amené à identifier cette étoile avec une variable qui porte le n° 2765, zone + 26 Argelander, du catalogue de Bonn.

Voici maintenant, d'après la note présentée à l'Académie de Belgique par M. Ernest Quételet, une histoire astronomique de ce monde lointain. Elle paraît avoir été remarquée pour la première fois par M. John Birmingham de Tuam, Irlande, qui, dans la nuit du 12 mai, l'estime de la 2e grandeur. Le 13, elle a été vue par M. Courbebaisse, à Rochefort, et par M. Schmidt, à Athènes; ils lui ont tous deux attribué une grandeur comprise entre 2 et 3. Le 15, M. Baxendell l'a vue de 3e grandeur, et le 19, M. Hind l'a observée comme une belle 6e très-distincte, à la vue simple. Le 21 et le 22, M. Argelander lui donne les grandeurs 7,1 et 7,5; et le 23, M. Peters la grandeur 7 faible.

Elle a été observée à Bruxelles, le 19, dans une lorgnette de spectacle ordinaire, qui permettait de voir simultanément γ et δ *Coronæ* et la variable; celle-ci a été estimée autant au-dessous de δ que δ est au-dessous de γ, ce qui donnerait pour la variable la grandeur $5 \frac{1}{2}$ faible, d'après l'échelle de l'Uranometria nova d'Argelander. Mais, lors du passage méridien, elle a été estimée entre 5 et $5 \frac{1}{2}$.

Du 15 au 30, cette étoile est descendue de la 3e grandeur à la 9e. Elle a donc diminué d'éclat avec une grande rapidité, surtout entre le 20 et le 21 ($5 \frac{1}{2}$ à 7). Mais l'accroissement paraît avoir été plus rapide encore, quoique les observations fassent défaut. M. Courbebaisse pense cependant pouvoir assurer que cette étoile ne se faisait pas remarquer le 9 mai, ce qui lui assigne pour cette date une grandeur inférieure à 5.

D'après une communication de M. Argelander, l'étoile a été observée à Bonn, le 18 mai 1855 et le

31 mars 1856, lors de la construction du grand catalogue du ciel boréal, et les deux fois elle a été estimée de la grandeur 9-10.

Elle ne paraît pas d'ailleurs avoir été observée par d'autres astronomes, jusqu'au moment où elle a surpris tout le monde par son remarquable éclat.

La moyenne des positions prises à l'Observatoire de Bruxelles et de celles de M. Argelander donnent (1866,0) :

$$\text{Æ} = 15^h\,53^m\,53^s,67 \qquad \text{D} = +\,26°\,18'\,8'',9.$$

En comparant ces positions concordantes avec celle de l'étoile n° 2765, zone + 26°, du grand catalogue de Bonn, on ne peut pas constater de déplacement appréciable.

« La lumière de cette étoile, dit M. Ern. Quételet, m'a paru plus scintillante que celle des étoiles voisines. Le 19 mai, tandis que α, γ, δ, ε, scintillaient très-peu, son éclat avait des variations brusques ; par moment, il égalait presque celui de δ; puis, ensuite, l'étoile faiblissait sensiblement. »

L'analyse spectrale de l'étoile a été faite en France par MM. Wolf et Rayet, de l'Observatoire, et en Angleterre par MM. Huggins et Miller.

La lumière de la nouvelle étoile donna aux premiers un spectre complet très-pâle, sur lequel se détachent un certain nombre de *bandes brillantes*.

On sait que les étoiles et le Soleil donnent des spectres entrecoupés de lignes noires. Ce caractère des bandes brillantes ne s'est retrouvé jusqu'ici que dans la lumière des nébuleuses et de l'atmosphère des comètes. Les observateurs français ont donc présenté le nouvel astre comme devant principalement son éclat à des vapeurs incandescentes.

Entre ces bandes, la plus brillante et la plus large paraissait d'une manière continue à la limite à peu près du jaune et du vert. Elle était précédée, du côté du jaune, par un espace un peu sombre, puis par une ligne brillante mais faible. Dans le jaune assez brillant, et vers l'orangé, se trouvait une troisième ligne qui semble correspondre à O.

Enfin, en marchant de la ligne la plus brillante vers le violet, on rencontrait le vert bien caractérisé, puis un espace plus sombre et un peu plus large que celui dont nous avons déjà parlé, et une nouvelle ligne brillante qui ne le cédait en éclat qu'à la bande principale. Le reste du spectre était pâle et mal limité à l'époque de cette observation (20 mai) (*).

Les observations de MM. Huggins et Miller ont été plus concluantes. Dans la soirée du 16, ils virent une faible nébulosité s'étendant à quelque distance autour de l'étoile et s'éteignant graduellement vers ses limites extérieures. L'examen comparatif des étoiles voisines montra que cette apparence de nébulosité appartenait à l'étoile elle-même. Dans les soirées des 17, 18, 19 et 21, on ne put découvrir aucune indication certaine de lumière nébuleuse autour de l'étoile.

Le spectre de cet astre est très-remarquable et con-

(*) En examinant la carte écliptique n° 39 de M. Chacornac, M. Stephan a constaté, dans la nuit du 8 mai, que l'étoile de 12e grandeur, indiquée sur cette carte pour 1862 par $13^h 15^m 35^s$ d'ascension droite et 95° 20′ de distance polaire, a disparu.

4

duit à des conclusions inattendues sur sa constitution physique.

Sa lumière est composée et émane de différentes sources. Chaque source lumineuse donne son spectre particulier. Le principal est analogue à celui du Soleil. La portion de la lumière stellaire représentée par ce spectre est émise par une photosphère incandescente liquide ou solide, et subit une absorption partielle en passant à travers une atmosphère de vapeurs élevée à un degré de température supérieur à celui de la photosphère.

Ce spectre d'absorption présente deux fortes lignes, et une petite plus réfrangible que la ligne C du spectre solaire; un groupe assez serré de lignes situé près de D; une faible raie coïncidant avec D; enfin de nombreuses lignes fines aux environs du point *b* du spectre solaire, où une série de groupes de lignes puissantes commence et s'étend aussi loin que le spectre peut être tracé.

Le second spectre, qui dans l'instrument paraît superposé à celui que nous venons de décrire, consiste en cinq *lignes brillantes*. Ce genre de spectre montre que la lumière qui lui donne naissance fut émise par une substance à l'état gazeux.

L'une de ces lignes brillantes est située dans le rouge, à l'endroit de la raie C de Fraunhofer. La plus brillante coïncide avec F; une plus faible se voit un peu plus loin. Une quatrième se montre encore au delà, qui est double ou multiple. Dans la partie la plus réfrangible du spectre, non loin de C, une cinquième ligne brillante apparaît par lueur.

On compara, dans la soirée du 17, ce spectre de l'étoile avec les lignes brillantes de l'hydrogène, produites par l'étincelle d'induction. La ligne la plus brillante coïncidait avec le milieu de la large ligne verte de l'hydrogène. L'auteur pense qu'il est probable que la raie rouge coïncidait aussi avec celle de l'hydrogène, mais la faiblesse du spectre de l'étoile ne permit pas de constater la coïncidence avec certitude.

Ces lignes brillantes sont toutes plus éclatantes que les réfrangibilités correspondantes du spectre continu sur lequel elles tombent. On doit donc en conclure que la température du gaz par lequel est émise cette lumière, offrant ces cinq lignes de réfrangibilité, est plus élevée que celle de la photosphère stellaire de laquelle est émanée la partie principale de la lumière stellaire....

On examina de nouveau le spectre de cette même étoile le 17, le 19 et le 21, et l'on n'y constata aucun changement important. Le spectre gazeux diminua d'éclat. L'inflammation subite de cette étoile et son affaiblissement rapide suggèrent à l'observateur l'idée, qu'en conséquence de quelque grande *convulsion interne, un immense volume d'hydrogène et d'autres gaz s'échappaient du noyau de l'étoile;* l'hydrogène, par sa combinaison avec d'autres éléments (les autres lignes brillantes ne coïncident pas avec celles de l'oxygène), émettant la lumière représentée par les lignes brillantes et en même temps portant au degré de l'incandescence la matière solide de la photosphère.

Le groupement des lignes sombres du spectre d'absorption est semblable à celui qui caractérise les spectres de α Orion et β Pégase, étoiles dont l'atmosphère ne présente aucune trace d'hydrogène.

D'après les observations de MM. Miller et Huggins, plusieurs des plus remarquables des étoiles variables qui offrent une teinte orange donnent des spectres semblables à celui de α Orion. Il est digne d'attention que toutes les étoiles blanches ou bleu pâle donnent des spectres dans lesquels les lignes sombres dues à l'absorption par l'hydrogène sont très-fortes, tandis que toutes les autres lignes sont légères et faibles. Ces observations invitent à croire que l'hydrogène joue probablement un rôle important dans les changements et variations physiques de la constitution des étoiles.

Les faits de l'analyse spectrale n'ont pas encore acquis le degré de certitude nécessaire pour les classer au nombre des connaissances chimiques. Mais un jour (peut-être prochain) la comparaison de ce fait que : les équivalents des corps simples sont des multiples entiers du demi-équivalent de *l'hydrogène* avec les observations sidérales, mettra sans doute sur la trace du corps simple primordial que cherchent les philosophes.

Nous terminerons l'histoire de l'étoile nouvelle de la Couronne par les documents que la Société royale astronomique de Londres a pris soin de rassembler et de nous communiquer par ses *Monthly Notices*.

1° M. Stone fait d'abord remarquer que l'étoile a été observée au cercle mural de Greenwich chaque nuit claire, depuis le 17 mai. Sa position moyenne pour le 1er janvier 1866 est la suivante :

$$\text{Æ} = 15^h\,53^m\,53^s{,}8 \qquad \text{D. P.} = 63^\circ\,41'\,52''{,}9.$$

2° Dans le *Bonner Sternverzeichniss* d'Argelander, zone + 26°, n° 2765, on trouve, comme nous l'avons déjà vu, une étoile de $9^e,5$ grandeur, dont la position moyenne pour le 1er janvier 1855 était :

$$Æ = 15^h\,53^m\,26^s,9 \qquad D.\,P. = 63^\circ\,39'\,54''.$$

La position moyenne de cette même étoile pour le 1er janvier 1866, sans aucune correction pour le mouvement propre, serait :

$$Æ = 15^h\,53^m\,54^s,5 \qquad D.\,P. = 63^\circ\,41'\,49''.$$

3° Il n'y a certainement aucune étoile de 9e grandeur près de la variable. Il est clair, par conséquent, que la variable est réellement l'étoile 2765 en question, et qu'à l'époque de l'observation indiquée par Argelander, elle était au-dessous de la 9e grandeur.

4° Nous avons déjà vu que cette étoile a été aperçue pour la première fois le 12 mai par M. Baxendell, de Tuam, qui la jugea de 2e grandeur. Les observations successives donnent la table suivante :

Mai 12	2	Baxendell.	20	6,2	Baxendell.
13	2,3	Courbebaisse.	21	6,3	Dawes.
14	3	Barker.	22	7,2	Carpenter.
15	3,6	Schmidt.	23	7,5	Observ. de Paris.
16	4,2	Baxendell.	24	8,5	Observatoire
17	4,5	Flammarion.	27	8,5	de
18	4,7	Dawes.	29	8,5	Greenwich.
19	5,0	Stone.			

Observée à la fin du mois de mai et dans le commencement du mois de juin, elle fut jugée se tenir entre la 8e et la 9e grandeur. Le 7 juin, les observateurs de Greenwich l'estimaient de 8,9.

Nous devons ajouter que l'observation du 24 mai, qui fait brusquement sauter de 7,5 à 8,5, n'a pas été faite dans un état de ciel favorable.

5° Une communication de M. Graham nous apprend que, dans le catalogue de Wollaston, il y a pour l'époque 1790 une étoile ainsi désignée :

$$Æ = 14^h\,51^m \qquad D.\,P. = 63^\circ\,29'$$

avec la note suivante :

« Elle est réellement quadruple, car la petite étoile est double et il y en a encore une plus petite à 30° s. p... »

Ces positions, réduites à 1866,0, donnent :

$$Æ = 15^h\,54^m \qquad D.\,P. = 63^\circ\,42'$$

qui s'accordent avec celles de notre étoile.

6° Une autre circonstance digne d'attention, et que nous avons déjà signalée, c'est qu'une nébuleuse est marquée sur le grand globe céleste de Cary, aussi près que possible du lieu occupé par l'étoile, et que cette nébuleuse n'est pas indiquée dans le catalogue d'Herschel.

Cette étoile a paru colorée d'orange pâle, puis de violet, aux yeux de M. Chambers. On peut remarquer, à ce propos, qu'un certain nombre de variables connues présentent à leur maximum d'éclat des lignes rouges, oranges ou violettes. Ces surfaces d'étoiles changeantes doivent nous cacher des lois physiques importantes.

7° Enfin sir John Herschel a envoyé, à la demande de l'astronome royal, une carte des étoiles observées à l'œil nu par lui-même, dans la nuit du 9 juin 1842, dans l'aire des cinq triangles marqués par les étoiles η ζ β d'Hercule, γ β du Serpent, α Couronne, β et δ du Bouvier.

Dans l'un de ces triangles on voit une étoile marquée 6[10] qui correspond, dans le système de rotation adopté, à 6 1/3. Cette étoile réside un peu au-dessous de la nouvelle. Sa position est ramenée à celle des cartes de Bode, au 1er janvier 1801 : ce sont ces cartes qui servaient à l'illustre astronome pour la division du ciel en 738 triangles et sa révision. Cette étoile pourrait bien, elle aussi, être l'étoile nouvelle. Si l'on continue à compulser ainsi les anciennes observations, on finira par reporter l'extrait de naissance de ce prétendu nouveau-né au registre commun où toutes ses sœurs sont inscrites.

Le même astronome ajoute que dans un vieux globe céleste de Bordin renfermant les positions de 6,000 étoiles d'après les observations de son père, de Maskeline, de Wollaston, etc., il trouva une étoile de 9e grandeur située exactement à la place de la précédente.

En résumé, donc, l'étoile devenue subitement si brillante au mois de mai 1866 n'est pas nouvelle, dans la stricte acception de ce mot; c'est une étoile ancienne de 9e grandeur, jusque-là invisible à l'œil nu, le n° 2,765 du grand catalogue d'Argelander, qui a présenté un phénomène subit d'exaltation d'éclat. Nos renseignements actuels sur cette remarquable apparition nous permettent d'affirmer que cette étoile a atteint son maximum presque subitement dans la nuit du 12 mai, époque à laquelle elle a été vue pour la première fois par M. Birmingham en Irlande; qu'à partir de cette époque son éclat a décru, mais comparativement avec lenteur, à raison d'une demi-grandeur par jour, jusqu'au 20 mai, et bien plus lentement encore jusqu'à la fin de juin, époque à laquelle l'étoile est revenue à peu près à son ancien éclat et n'a plus montré de variations appréciables.

En rapprochant ce phénomène de ce que nous savons sur les étoiles nouvelles apparues, on est conduit à penser que tous ces faits sont du même ordre; qu'il ne s'agit pas, comme on l'a cru longtemps, d'astres nouvellement formés, mais d'étoiles qui, après être restées longtemps invisibles à l'œil nu, viennent de subir quelque cataclysme.

Cette théorie, qui se rattache à la connexion établie plus haut par M. Le Verrier entre ces sortes d'étoiles et l'éclat des soleils en voie de formation, a été discutée à l'Académie des sciences par M. Faye dans un travail particulier, dont nous devons exposer ici les points principaux. La question est non-seulement curieuse, mais elle est encore fort importante : il s'agit de la *naissance* et du *développement des corps célestes*, étoiles, soleils, mondes divers.

L'étude qui ouvre ce volume a fait connaître les étoiles variables et les étoiles périodiques. La première étoile périodique qu'on ait connue est *omicron* de la Baleine (*Mira Ceti*); elle a été signalée par Fabricius, un des auteurs de la découverte des taches du Soleil. C'est Bouillaud qui, le premier, essaya d'expliquer ce phénomène alors unique, et d'autant plus frappant qu'il restait encore quelque chose dans tous les esprits de l'antique croyance à l'*incorruptibilité des cieux*. Comment concilier cette prétendue incorruptibilité avec les variations périodiques si régulières de *Mira Ceti*? Bouillaud imagine que l'étoile pourrait bien avoir une face obscure et une face brillante, et qu'en tournant sur elle-même comme le Soleil, elle nous montrait alternativement ces deux faces avec la régularité qui est le propre des mouvements de rotation dans le ciel. Il suffisait d'assigner une durée de 331 jours à cette rotation pour expliquer, et les variations d'éclat de *Mira*, et la constance de sa période. Rien ne s'opposait donc à ce que les choses durassent ainsi éternellement. Quant aux étoiles nouvelles, Tycho et Képler conjecturaient que ces astres venaient de se former subitement aux dépens d'une matière cosmique, précédemment éparpillée dans la voie lactée ou dans le ciel entier. Newton pensait aux comètes qui, en tombant sur un soleil à moitié éteint, viendraient ranimer sa combustion en lui fournissant des aliments nouveaux. Aujourd'hui on présenterait un peu autrement l'idée de Newton ; on attribuerait l'explosion subite de lumière et de chaleur, non pas à une combustion, mais à la destruction subite d'une partie de la force vive dont les deux corps étaient animés avant le choc. Mais ici encore nous voilà en présence d'une de ces conjectures ingénieuses que suggèrent si aisément un ou deux faits incomplétement observés.

Aujourd'hui, grâce aux travaux modernes et surtout à l'impulsion donnée à ces études par M. Argelander, ces deux ordres de faits se sont singulièrement multipliés. Pendant les deux derniers siècles, depuis 1596, époque de la découverte de *Mira Ceti*, jusqu'en 1800, on n'a pas trouvé au ciel plus de 12 ou 13 variables. A partir de 1846 on en a découvert près de 100 en 20 ans seulement. Ainsi leur petit nombre dans les siècles précédents provenait de l'inattention générale; ce nombre augmente chaque année depuis qu'on les étudie; on est donc porté à croire qu'il y a ici autre chose que des accidents ou des exceptions. Il en a été de même des étoiles nouvelles.

La rotation n'offrant pas un moyen assez élastique dès la première étoile que l'on étudiait, on eut recours à une conjecture plus souple et plus commode en imaginant autour des étoiles, toujours fixes, toujours inaltérables, comme il convient à des corps célestes, des masses plus ou moins opaques, telles que des satellites, des comètes ou des planètes circulant autour d'elles et venant s'interposer périodiquement entre leur astre central et nous. La conjecture se prête cette fois à tant de combinaisons variées, qu'elle serait capable de fournir des explications pour tous les phénomènes, si compliqués qu'ils fussent; mais un fait nouveau est venu dans ces derniers temps renverser cet échafaudage : c'est la périodicité du Soleil lui-même. Le Soleil est une étoile variable dont la période est d'environ 11 ans et dont les variations d'ailleurs très-faibles ne tiennent à aucun des moyens que l'on avait imaginés, mais tout simplement aux particularités de sa constitution physique. Cette belle découverte de M. Schwabe a donné raison aux pressentiments du seul savant d'autrefois qui ait raisonné scientifiquement sur cette matière, de Pigott qui faisait remarquer aux astronomes les taches toutes physiques du Soleil, pour leur montrer que les variations des étoiles périodiques pouvaient tenir à de simples phénomèmes physiques et non à une combinaison de mouvements astronomiques.

Les conjectures relatives aux étoiles nouvelles ne tiennent pas davantage devant les faits. Autrefois, on ne connaissait que les étoiles visibles à l'œil nu; aujourd'hui que l'on construit d'immenses catalogues de 300,000 étoiles, on a bien des chances de pouvoir désigner la petite étoile invisible dont l'éclat s'est exalté tout à coup pour un temps très-court, et c'est ce qui est arrivé pour la dernière. Ce ne sont donc pas des formations subites. D'autres étoiles pour elles ont présenté tous les caractères de la périodicité, avant de disparaître pour les faibles instruments des siècles précédents. L'étoile nouvelle d'Anthelme, si bien observée à Paris par D. Cassini, était dans ce cas, et ses variations d'éclat ont duré 2 ans. Ce n'est donc pas un corps étranger qui, par son choc, a produit la première apparition de cette étoile, à moins d'admettre que pendant 2 ans ces chocs se sont répétés à intervalles réguliers. Celle de Jansen, qui apparut en 1600 avec l'éclat d'une étoile de 3e grandeur, et qui disparut en 1621 après avoir subi comme la précédente diverses variations successives, est encore plus remarquable. Elle a été revue par D. Cassini en 1655; elle reparut une troisième fois en 1665 (Hévélius), et maintenant qu'elle est revenue à son faible éclat primitif, elle figure définitivement sur le catalogue des étoiles à faibles variations plus ou moins périodiques que les astronomes étudient de nos jours : c'est l'étoile φ du Cygne, d'après la notation d'Argelander.

Les faits nombreux que nous possédons aujourd'hui nous conduisent à examiner si les étoiles variables et les étoiles nouvelles ne seraient pas autre chose que les états successifs d'un même phénomène dont le ciel nous offrirait à la fois toutes les phases : les étoiles à éclat constant, les étoiles à faibles variations périodiques, les étoiles à périodes irrégulières ; celles qui s'éteignent presque dans leurs minima ; celles qui cessent de varier pendant un temps plus ou moins long, mais qui reprennent de l'éclat et subissent alors des variations considérables pour s'affaiblir de nouveau pendant un long laps de temps ; enfin les étoiles presque éteintes qui se rallument convulsivement, présentent des intermittences plus ou moins prolongées, reviennent bientôt à leur faiblesse première ou disparaissent tout à fait. Ne dirait-on pas, remarque M. Faye, que ce sont là les phases successives et de plus en plus dégradées de la vie d'une seule et même étoile, phases qui, pour cette étoile unique, embrasseraient des myriades de siècles, mais que le ciel nous offre simultanément quand on considère à la fois tous les astres qui y brillent? De même dans une ville, le spectacle simultané de tous les individus nous fait embrasser d'un seul coup d'œil la succession de toutes les phases qu'un individu pris à part doit traverser jusqu'à sa mort.

Après avoir établi dans une première note l'analogie qui existe entre les étoiles périodiques et les étoiles nouvelles, l'astronome consacre une seconde étude à l'examen des phases d'éclat par lesquelles passe notre

Soleil lui-même et au rapport qui paraît rattacher la constitution solaire à celle des étoiles. « Les étoiles, dit-il, sont autant de Soleils différant sans doute entre eux au point de vue de la constitution chimique, mais présentant tous, quoique à des phases différentes, les mêmes phénomènes physiques d'incandescence, de refroidissement, de formation et d'entretien d'une photosphère. Or, notre Soleil est une étoile périodique ; étudions donc comment l'intermittence a pu et a dû s'établir à la longue dans le jeu des forces qui président à sa constitution, et nous serons en droit de conclure du Soleil périodique aux étoiles variables, et de celles-ci aux étoiles temporaires.

« Une masse gazeuse portée primitivement à une température supérieure à toutes les affinités chimiques ne peut être incandescente à cause du peu de lumière qu'émettent les gaz ou les vapeurs portés à une haute température. Le refroidissement marche donc avec lenteur, mais il doit arriver un moment où la température des couches superficielles tombe au point où les actions chimiques commencent à se produire. Aussitôt apparaissent certaines combinaisons : les unes produisent des gaz ou des vapeurs nouvelles, tout aussi peu lumineuses que les vapeurs élémentaires ; les autres donnent lieu à des nuages de particules liquides ou même solides dont l'incandescence sera au contraire très-vive. Ces particules, après avoir abondamment rayonné la chaleur et la lumière, doivent retomber, en vertu de leur densité plus forte, dans les couches inférieures où elles finiront par retrouver une température capable de les réduire de nouveau dans leurs éléments primitifs. Cette décomposition (*) absorbe une grande quantité de chaleur et propage ainsi le refroidissement superficiel jusque dans les couches profondes. Les gaz ainsi reformés dans l'intérieur de la masse rompent l'équilibre des couches et provoquent à leur tour l'ascension d'une nouvelle quantité de vapeurs élémentaires. Celles-ci remontent jusqu'à la surface où elles subissent de nouveau les phénomènes précédents.

« Dans une sphère gazeuse, il tend à s'établir, d'une couche à l'autre, une distribution de densité et de températures telle qu'aucun transport vertical de matières ne puisse avoir lieu; alors en chaque couche la température actuelle répond à la pression correspondante, et se trouve au moins égale à celle où une masse plus chaude, prise à l'intérieur, tomberait spontanément si elle venait à monter, par le seul fait de la dilatation qu'elle devrait subir dans une région de pression moindre. Mais le refroidissement des couches extrêmes donne lieu à des phénomènes de condensation chimique et de précipitation qui détruisent à chaque instant ce genre d'équilibre, à peu près comme le phénomène de la pluie ou de la neige trouble à chaque instant l'équilibre de notre atmosphère dans le sens vertical. Tant que la communication de l'intérieur à l'extérieur reste libre, tant que les courants ascendants et descendants se meuvent avec facilité à travers des couches entièrement gazeuses, l'entretien de la mince

(*) Notons aussi la chaleur beaucoup moindre, mais non négligeable, qui ramène les molécules tombantes à la température de la couche où elles s'arrêtent.

couche photosphérique où se produisent les condensations chimiques s'opère avec régularité, et l'éclat peut ainsi rester constant pendant une longue durée. Mais si, par les progrès du refroidissement, l'échange entre les couches internes et la surface se trouve gêné, il arrive un moment où les courants verticaux ne se produisent plus librement suivant chaque verticale pour aboutir à chacun des points de la périphérie; des couches entières acquièrent peu à peu une densité trop forte, et *la rupture de l'équilibre longtemps différée se fait subitement*, en amenant par contre-coup à la surface un afflux subit de matières intérieures dont la température est encore énorme. De là une recrudescence d'éclat très-rapide, mais passagère. Il faudra évidemment bien plus de temps pour que cet excédant d'éclat s'éteigne puisque l'extinction doit s'opérer par voie de refroidissement et de radiation à l'extérieur.

« Entre ces deux états, celui où les courants ascendants et les courants descendants agissent librement, régulièrement dans toute la masse, et celui où leur action ne se produit plus que par intermittences saccadées, il y a toute une phase intermédiaire où les phénomènes prennent un caractère d'oscillations régulières d'abord peu sensible, puis plus prononcé, à mesure que la photosphère s'épaissit et que des couches plus profondes sont atteintes à leur tour par les courants descendants.

« En résumé, les étoiles dites nouvelles ne méritent pas ce nom : leur apparition presque subite n'est qu'une exagération du phénomène ordinaire des étoiles périodiquement variables, lequel répond lui-même à de simples oscillations plus ou moins sensibles dans le phénomène de la production et de l'entretien des photosphères de toutes les étoiles. Ces phénomènes, considérés comme successifs dans l'histoire d'une étoile prise à part, caractérisent les progrès de son refroidissement et le déclin de la phase solaire. Quand ils se produisent ainsi avec le caractère d'intermittences irrégulières de plus en plus séparées par de très-longs intervalles de temps, ils sont les précurseurs de l'extinction définitive, ou du moins de la formation d'une première croûte plus ou moins consistante. C'est pourquoi les phénomènes de ce genre ne se produisent que dans les astres d'un éclat déjà très-faible et n'aboutissent jamais à doter le ciel d'une belle étoile de plus. »

III.

ÉTOILES FILANTES, BOLIDES, AÉROLITHES. LA GRANDE PLUIE D'ÉTOILES PENDANT LA NUIT DU 13-14 NOVEMBRE 1866.

La date du 13 novembre 1866 était depuis longtemps fixée par les astronomes comme devant marquer le maximum des chutes d'étoiles de l'anneau de novembre. Dans le premier volume de ces *Études*, nous l'avons signalée (*) comme appartenant à la période de 33,25

(*) Chapitre sur l'Astronomie en 1863 et 1864, étoiles filantes, p. 143.

ans du prof. Newton. Déjà Olbers avait annoncé l'année 1867 + ou — 1, se fondant sur ce fait que les passages de 1799 et 1833 annonçaient pour cette recrudescence une période de 34 années. Un grand nombre d'observateurs ont étudié le phénomène des divers points du globe. Notre laborieux ami M. Coulvier-Gravier, l'observateur des météores au palais du Luxembourg, a d'abord fait remarquer à l'Académie des Sciences que le nombre horaire moyen de cinq heures et demie d'observation ramené à minuit par un ciel serein a été de 94 étoiles filantes. Par une courbe tracée en prenant les nombres d'étoiles pour ordonnances, l'astronome montre la marche de ce mystérieux phénomène, la marche descendante et ascendante des 12 et 13 novembre. En 1833, époque du grand maximum, le nombre horaire moyen à minuit était de 130 étoiles. Depuis 1833 ce nombre a diminué progressivement jusqu'en 1860, époque du plus grand *minimum*; car, de 130, le nombre s'était abaissé à 10 étoiles filantes. Mais, à partir de 1861, ce nombre va en augmentant. En 1863, il est déjà de 37 ; en 1865 il approche de 80, et enfin en 1866, le voilà arrivé à 94 étoiles filantes.

Parmi ce grand nombre d'étoiles filantes observées, MM. Coulvier-Gravier et Chapelas n'ont vu qu'un seul globe filant ou bolide. Ce n'est pas cependant que les première et deuxième grandeurs d'étoiles filantes aient manqué.

A Metz, M. Goulier, commandant du génie, a observé l'averse d'étoiles filantes, le 14 novembre 1866, de 1 heure à 2 heures du matin, par un ciel très-pur. La fréquence des météores a paru sensiblement constante pendant cette heure; on en a compté 60 en trois minutes, dans une étendue du ciel qui correspondait au huitième seulement de l'hémisphère céleste situé au-dessus de l'horizon. De 2 à 3 heures, le ciel s'est progressivement couvert de nuages. Vers 5 heures, il a offert une éclaircie égale au 12e ou au 15e de sa surface, et dans laquelle, pendant plus de 5 minutes, on n'a vu qu'un seul météore. On serait tenté d'en conclure qu'à cette heure-là l'averse d'étoiles avait cessé. Pendant les nuits du 11 au 12 et du 12 au 13, le ciel avait été constamment couvert. Dans la nuit du 14 au 15, on n'a vu que quelques rares météores, quoique le ciel fût découvert.

Voici les faits principaux constatés pendant l'observation du 14 au matin :

Pour toutes les étoiles moins une, observées pendant une heure, les prolongements des trajectoires, en sens inverse du mouvement, semblaient passer par un point unique du ciel dont la hauteur au-dessus de l'horizon a varié de 22 à 32 degrés. Ce *point de radiation* était si remarquable, qu'il n'eût pas pu échapper à un observateur non prévenu. La position de ce point au milieu des étoiles du Cou du Lion a été estimée à plusieurs reprises, en prolongeant par la pensée les trajectoires des météores qui en étaient les plus voisins. L'incertitude que l'on éprouvait sur cette position était certainement de beaucoup inférieure à 1 degré. Par la comparaison du ciel avec le planisphère de Chazallon, corrigé des effets de la précession depuis 1850, on a trouvé pour les coordonnées du point de radiation : ascension droite = 149°5 ; déclinaison boréale = 23 degrés.

Tous les météores observés avaient, comme couleur, comme allure, un cachet particulier de parenté ; aucun n'a présenté l'apparence de bolide, aucun n'a éclaté. Toutes ces étoiles, sans exception, étaient accompagnées de traînées phosphorescentes qui persistaient pendant quelques secondes après la disparition de l'étoile ; et, chose remarquable, la traînée était toujours notablement plus courte que la trajectoire apparente de l'étoile, celle-ci achevant sa course pendant quelque temps, sans émettre la matière phosphorescente de sa traînée. L'apparence était la même que celle qui eût pu résulter, pour les météores, de leur passage brusque d'une atmosphère propre à manifester la traînée phosphorescente, à une atmosphère impropre à la production de ce phénomène, et dans laquelle l'étoile se serait éteinte après un certain parcours (*).

Les météores voisins du point de radiation étaient, en général, plus faibles et à trajectoires plus courtes que les autres. En général aussi, les trajectoires les plus brillantes et les plus longues abondaient surtout dans les régions du ciel qui entouraient le zénith.

« Toutes ces apparences, dit M. Goulier, étaient conformes à celles qui eussent pu résulter de l'inflammation, dans une couche supérieure de l'atmosphère terrestre, d'un essaim de petits corps marchant vers nous dans une direction apparente opposée à celle du point

(*) Plusieurs étoiles ont parcouru leur trajectoire en paraissant s'éloigner de l'horizon. Nous ne signalons ce fait que parce qu'un observateur français a prétendu n'avoir jamais vu d'étoiles ascendantes.

de radiation. Car ce point n'ayant été distant de l'horizon que de 22 à 32 degrés, les météores vus dans son voisinage eussent alors appartenu à des corps dont les trajectoires étaient vues en raccourci, et plus distants d'ailleurs (2 $\frac{1}{2}$ fois à 1 $\frac{1}{2}$ fois) que ceux dont les trajectoires paraissaient au-dessus de l'observateur. »

Les deux communications qui précèdent ont été présentées à l'Institut dans la séance qui suivit l'apparition, c'est-à-dire le 19 novembre. Dès cette séance, M. Faye cherche à établir les rapports qui existent entre les divers anneaux d'étoiles filantes et le système du monde.

« Le beau phénomène de novembre, dit-il, était allé en s'effaçant de plus en plus depuis 1833 ; mais à partir de 1864, il a paru reprendre sa marche ascendante de manière à justifier le pressentiment d'Olbers pour les années 1866 ou 1867. Les recherches de M. Newton (États-Unis) sont venues fixer sur ce point l'opinion des astronomes. Conformément à ces calculs, nous attendions pour la nuit du 13 au 14 le retour de ces splendides apparitions. J'ai eu la satisfaction d'en être témoin, malgré les nuages qui ont trop souvent couvert le ciel. De 1 heure 5′ à 1 heure 35′, j'ai noté 81 étoiles dans un quart environ du ciel visible pour moi ; je faisais face à la constellation d'Orion qui a été fréquemment sillonnée par de brillantes étoiles. De 3 heures 5′ à 3 h. 45′, je n'ai vu que 48 étoiles. Ce qui m'a le plus frappé, c'est que toutes ces étoiles, sauf deux, divergeaient de la partie supérieure de la constellation du Lion, comme en 1833. Beaucoup d'entre elles étaient très-brillantes et laissaient après elles une traînée persistante. J'ai eu occasion d'en voir à travers les nuages qui obscurcissaient le ciel, au point de masquer les étoiles supérieures d'Orion.

« Je n'avais pas pour but de faire des observations suivies, comme celles que nous devons au zèle assidu de M. Coulvier-Gravier ; je voulais seulement contempler ce beau spectacle, prévu et annoncé si longtemps à l'avance par les astronomes. Mais je me suis assuré qu'il serait très-facile de donner à l'observation un caractère de précision qu'elle n'a jamais eu, en appliquant la proposition que j'ai faite il y a trois ans d'observer avec un instrument astronomique, non les étoiles filantes elles-mêmes, mais la position des deux extrémités de la trajectoire que les traînées persistantes des plus belles étoiles dessinent si bien dans le ciel. Cet instrument consisterait en une lunette de nuit montée sur un pied alt-azimutal très-mobile et très-élevé, ayant une seule vis de serrage pour les deux mouvements. Deux observateurs, munis chacun d'un instrument pareil, s'attacheraient à déterminer exactement les deux extrémités de la traînée. On aurait aussi des éléments précis pour déterminer le point de divergence de ces météores, et au moyen de deux stations réunies télégraphiquement, leur hauteur, leur vitesse absolue, etc. Il ne serait pas sans intérêt de suivre aussi longtemps que possible, avec le même instrument, les traînées qui se disloquent souvent d'une manière singulière, sous l'influence des courants supérieurs et de leur chute à travers des couches atmosphériques très-rares. »

Le caractère astronomique que ces phénomènes présentent d'une manière si constante dans une longue suite de siècles, la stabilité planétaire à laquelle ils semblent participer depuis plus de 1,000 ans, la marche régulière des perturbations dues à l'action de la Terre, perturbations qui se manifestent soit dans les dates des apparitions, soit dans les variations annuelles de leur intensité, font espérer que la partie mécanique du problème pourra être abordée lorsque l'observation en aura fait connaître les principales particularités géométriques. En voici une que M. Faye a remarquée: c'est que les plans passant par la tangente à l'orbite terrestre et les points de divergence des météores périodiques du 20 avril, du 10 août et du 13 novembre sont tous à très-peu près perpendiculaires à l'écliptique. Il en est de même pour les météores du 2-3 janvier, dont la périodicité a été soupçonnée.

Au contraire, les plans correspondant pour les météores des 10 avril, 19 octobre et 12 décembre sont tous couchés à peu près sur l'écliptique.

Nous ne reproduirons pas le tableau dressé par M. Faye à l'appui de ces assertions; nous ajouterons seulement avec l'auteur qu'il en résulte que les anneaux météoriques d'avril, d'août et de novembre, dont la périodicité ne saurait être contestée, sont à peu près circulaires comme l'orbite terrestre, ou du moins que leur grand axe est très-rapproché de la ligne des nœuds, circonstance qu'on remarque dans plusieurs comètes périodiques. Quant au second groupe, dont l'existence à titre d'anneaux est encore douteuse, il présenterait un des caractères propres aux étoiles sporadiques.

Il y aurait quelque intérêt à appliquer ce genre d'épreuve aux différents centres de radiation déjà très-nombreux qui ont été signalés par deux habiles observateurs, M. le professeur Heis et M. Alexandre Herschel. On ne saurait douter qu'en dehors de ces trois grands anneaux si bien constatés d'avril, d'août et de novembre, il existe un très-grand nombre d'astéroïdes disséminés dans toutes sortes de directions, qui viennent se mêler aux grandes apparitions et fournir à d'autres dates le contingent plus ou moins régulier des nuits ordinaires. Une bonne part de ces étoiles se trouve dans la région écliptique et se meut par essaims.

Toujours est-il que les deux principaux anneaux météoriques d'août et de novembre sont désormais caractérisés, de la manière la plus nette, par leur stabilité séculaire, la position et le mouvement de leurs nœuds, la date de leurs retours réguliers et les périodes des maxima de leurs apparitions. Nous voilà en présence d'une nouvelle branche d'astronomie, dont les prédictions pourraient déjà figurer dans nos éphémérides, et qui nous touche de bien près, puisque les astres dont il s'agit peuvent devenir, à un instant donné, de brillants ou de redoutables projectiles. Lorsqu'on aura enfin déterminé d'une manière précise les points de radiation, les longitudes des nœuds et leurs mouvements séculaires, les périodes des perturbations que ces anneaux éprouvent dans le sens du rayon vecteur, et qui déterminent les variations d'éclat des apparitions successives, il y aura lieu de chercher comment un anneau d'astéroïdes doit être constitué autour du Soleil pour satisfaire à ces conditions géométriques, et pour subir de la part de la Terre les perturbations observées. Ce problème ne sera pas tout à fait indéterminé, on finira par tenir compte dans les observations de l'attraction que la Terre exerce sur ces petits corps, enfin on saura tôt ou tard calculer la perte de vitesse qui nous donne, dans les plus hautes régions de notre atmosphère, un si éclatant exemple de la transformation de la force vive des astres en lumière et en chaleur.

Au Collége de France, notre savant ami J. Silbermann observait de son côté et consignait une série de faits fort importants au point de vue météorique. C'est dans la nuit du 13 au 14 novembre, de 11 h. 30 m. du soir à 4 h. 15 m. du matin que M. J. Silbermann a observé la partie du ciel comprise entre le nord-est et le nord-ouest. Dans la première heure, il a pu compter 140 apparitions d'étoiles filantes. Toutes rayonnaient du nord-est, d'un point voisin de l'horizon; la plupart avaient l'apparence de chandelles romaines d'un blanc jaunâtre; cependant la couleur de quelques-unes contrastait avec cette apparence générale : ainsi, il y en avait une dont la couleur bleue ressemblait à la flamme du soufre; une autre était d'un vert d'émeraude; une troisième avait la teinte verdâtre qui caractérise la flamme du cuivre; une autre enfin était rouge pourpré.

Une minute ou deux, à peine, séparaient les apparitions successives des météores; alors on en voyait cinq ou six se succéder, ou même deux ou trois apparaître simultanément. Le phénomène dura ainsi jusqu'à près de quatre heures du matin.

M. J. Silbermann a constaté, comme tous les observateurs, que le point de départ ou de rayonnement des météores lumineux était situé dans la constellation du Lion. Le plus grand nombre, 75 pour 100 environ, avaient pour centre d'émission la région à gauche de l'étoile γ.

Cependant, quelques étoiles filantes semblaient, par leur direction différente de celle que nous venons de signaler, ne pas faire partie du même essaim; mais c'était la très-grande minorité. Sauf ces exceptions, les météores étaient d'autant plus brillants, d'autant plus nombreux que leurs trajectoires partaient d'une région plus voisine du centre commun d'émission. Le rayonnement s'effectuait dans tous les sens, les unes montant vers le zénith, les autres descendant vers l'horizon, les autres enfin dans tous les autres points de la circonférence.

Leur vitesse apparente était d'abord très-faible, puis elle croissait peu à peu; quelques-unes semblaient d'abord immobiles pendant un quart de seconde et même une demi-seconde, puis elles se mouvaient avec une vitesse rapidement croissante à mesure qu'elles se rapprochaient du zénith.

Les formes des trajectoires étaient en général rectilignes ou faiblement courbées; une d'elles présenta un point de rebroussement, une autre des sinuosités marquées; une troisième décrivit un crochet; mais ces formes exceptionnelles appartenaient à des étoiles filantes d'un faible éclat, qui ne paraissaient point faire partie du même groupe que les météores émanés du Lion.

Le diamètre apparent de la plupart d'entre elles, ou mieux leur éclat, n'était ni plus ni moins grand que celui de Vénus en quadrature. Le point lumineux était suivi d'une longue traînée, présentant cet aspect caractéristique que sa largeur dépassait de beaucoup la grosseur de l'étoile elle-même. Les traînées étaient presque toutes rougeâtres, offrant l'apparence non d'une lueur phosphorescente ou fluorescente, mais plutôt d'une traînée d'étincelles semblables à celles qu'on voit dans les fusées du feu d'artifice ou qui s'échappent de la meule du remouleur.

M. Silbermann n'a point vu de météore de couleur violette.

Il a remarqué que les étoiles filantes qui ne divergeaient pas du Lion avaient avec les autres des différences caractéristiques : outre un éclat plus faible, elles possédaient une vitesse plus uniforme et n'étaient pas suivies de traînées lumineuses.

Vers minuit environ, apparut un bolide qui présentait le singulier aspect de deux boulets ramés, progressant par oscillations, comme si un lien invisible eût attaché les deux parties du double météore.

Cette étoile filante jumelle a spécialement attiré l'attention de notre ami, et il a pu faire de son parcours une description spéciale (1) à laquelle ceux d'entre nos lecteurs qui s'intéressent spécialement à l'observation des bolides feront bien d'accorder leur attention particulière.

En même temps que divers observateurs français étudiaient le phénomène dans notre pays, les mêmes observations étaient faites de l'autre côté de la Manche par les savants anglais. L'une des plus importantes

(1) *Voir* la Note I à la fin du volume.

communications faites sur ce point est celle de notre correspondant et ami le docteur Phipson, de Londres.

« L'essaim d'étoiles filantes que l'on attendait pour le 11 au 14 novembre 1866 s'est manifesté, dit-il, avec une splendeur extraordinaire. Le temps n'a pas permis d'observer le 12. Le 13, j'ai commencé mes observations de bonne heure, et à 9 h. 20 m. j'ai vu un premier météore. Il monta directement de l'horizon de la direction de la constellation du Lion, non encore levée, et parcourut un vaste arc passant au zénith et disparaissant de l'autre côté du ciel. Je n'ai pu le suivre que depuis l'horizon jusqu'au zénith, et je ne me rappelle pas d'avoir jamais vu une étoile filante aussi belle; c'était plutôt un bolide. Ce fut sans aucun doute un avant-coureur de l'essaim de novembre qu'on attendait. Dans peu de temps, j'en vis plusieurs autres, quoique moins considérables. Avant de terminer mes observations, le nombre d'étoiles filantes dépassa considérablement 2,500 par heure, et entre 12 h. 30 m. et 1 h. 30 m., ce nombre fut si grand, que je n'ai pas pu compter les météores. Il fut facile de s'apercevoir que ces milliers d'étoiles filantes émanaient toutes d'un point du ciel occupé par la constellation du Lion. Cinq seulement de tout ce nombre m'ont paru venir d'ailleurs. Pour les astronomes, la nuit du 13-14 novembre 1866 sera pour toujours une époque d'un intérêt extraordinaire, car les conjectures de Humboldt et d'autres, que la *période de novembre* atteint son *maximum* tous les trente-trois ans, sont maintenant confirmées.

« Voici les observations que j'ai faites dans la nuit du 13-14 novembre : De 9 h. 20 m. à 10 h. 5 m., je n'ai vu que deux météores; de 10 h. 5 m. à 11 h. 5 m., trois météores seulement. Alors j'ai commencé à observer méthodiquement, en notant le nombre d'étoiles filantes chaque quart-d'heure :

	h m		h m				
De	11.00	à	11.15	j'ai compté	14	météores.	
De	11.15	à	11.30	»	13	»	des nuages.
De	11.30	à	11.45	»	14	»	
De	11.45	à	12.00	»	24	»	
De	12.00	à	12.15	»	58	»	
De	12.15	à	12.30	»	120	»	
De	12.30	à	12.45	Impossible de compter : 1000 peut-être.			
De	12.45	à	1.00				
De	1.00	à	1.10	(en 10 minutes), j'ai compté 425 météores.			
A	1 40			le nombre parut diminuer.			
De	1.45	à	2.00	(en 10 minutes), j'ai compté 198 météores.»			

Quelque temps *après* la période du *maximum*, les étoiles tombaient à raison de 2,550 par heure environ; entre 12 h. 30 m. et 1 h. 30 m., le nombre peut être estimé approximativement, pour le ciel entier, de 6,000 à 7,000 étoiles pour une heure. A 1 h. 12 m., M. le professeur Symons, qui observa dans une autre partie de Londres, calcula 100 météores par *minute*.

Tous les observateurs ici sont d'accord que la plus grande intensité de ce phénomène magnifique arriva assez promptement et diminua tout aussi rapidement. Les météores furent, pour la plupart, très-brillants, à tête rouge ou rouge jaunâtre, et laissaient derrière eux une traînée de lumière verdâtre. Plusieurs des plus grands avaient des têtes à lumière blanche éclatante qui paraissaient tout à fait globulaires.

Un peu avant et pendant cette splendide manifestation

d'étoiles filantes, M. Phipson a observé, à des intervalles irréguliers, des éclats subits de lumière pareils à ce que produirait un orage situé sous l'horizon nord. Mais il n'y a pas eu d'orage dans cette direction, car des observateurs situés à Coventry et à Northampton ont également remarqué ces éclats soudains de lumière rougeâtre ou jaunâtre, et les ont attribués aussi à des éclairs d'orage dans le nord. M. Hind et M. Symons ont aussi vu ces éclairs.

Le premier éclair eut lieu à 9 h. 20 m., précisément à l'instant du météore dont il est fait mention plus haut; deux autres à 10 h. 5 m., un quatrième à 10 h. 30 m., un cinquième à 10 h. 40 m., un sixième à 1 h. De son côté, M. Symons remarqua deux éclairs à 12 h. 35 m. environ, et M. Hind en vit un très-brillant à 3 h. 54 m.; ce dernier fut aussi de couleur orangée. Ce savant a remarqué une lumière pâle, diffuse, à l'horizon, près de la constellation du Lion, et semblable à ce que l'on observe fréquemment pendant la durée d'une *aurore boréale*. Notre correspondant a vu précisément la même chose et l'a attribuée aux rayonnements de la lumière de la Cité. On se souvient que M. Quetelet et quelques autres savants ont déjà attiré l'attention sur certaines radiations électriques qui se sont montrées simultanément avec des essaims plus ou moins remarquables d'étoiles filantes.

De tout ceci M. Phipson est porté à croire que les essaims brillants d'étoiles filantes électrisent les régions supérieures de l'atmosphère en produisant des phénomènes analogues à l'aurore boréale. Il regrette de ne pas avoir observé l'aiguille aimantée pendant la durée du splendide phénomène dont il est question ici. A ces observations nous ajouterons d'abord le nombre de météores comptés à l'Observatoire royal de Greenwich :

De	9	à	10	heures,	10	étoiles filantes.
De	10	à	11	»	15	»
De	11	à	12	»	168	»
De	12	à	1	»	2032	»
De	1	à	2	»	4860	»
De	2	à	3	»	832	»
De	3	à	4	»	528	»
De	4	à	5	»	40	»

Dans plusieurs parties de l'Allemagne il y eut, pendant cette nuit, de la neige accompagnée de vent, d'éclairs et de tonnerre. A Saragosse, en Espagne, le phénomène fut très-splendide, et dans l'île de Malte il a excité l'étonnement des marins et des pêcheurs, vers deux heures du matin. Les officiers à bord du navire *le Gibraltar*, stationné à Malte, l'ont décrit en le comparant à une chute de neige incandescente.

A Oxford, on a remarqué que la lumière zodiacale fut extraordinairement brillante le matin du 14, un peu avant le lever du soleil. On sait que depuis longtemps l'on a voulu rattacher cette lumière problématique à la théorie des météoroïdes.

Voici maintenant les plus exactes et les plus curieuses observations faites sur le phénomène par différents astronomes d'Angleterre. Nous traduisons ici des lettres de M. Hind (Twickenham), Burder (Clifton), Scott (Weybridge), Phillips (Oxford).

« La pluie prédite de météores, écrit d'abord le superintendant du *Nautical Almanach*, a été vue ici par des circonstances très-favorables. De minuit à 1 h. 4 m. de Greenwich, 1120 météores furent notés suivant une progression croissante. De 1 h. à 1 h. 7 m. 5 s., on n'en compta pas moins de 514, et un grand nombre restèrent inaperçus, à cause de la rapidité de leur succession. A cette dernière heure, il y eut un accroissement subit dans le nombre des étoiles filantes, qui rendit impossible leur énumération; mais dès 1 h. 20 m. une décroissance commença à se faire reconnaître. On peut juger que le maximum arriva à 1 h. 10 m. En ce moment, l'aspect du ciel était très-beau, pour ne pas dire magnifique. A part leur nombre considérable, on peut dire toutefois que les météores n'offrirent aucun caractère particulièrement remarquable, soit au point de vue de leur éclat, soit pour celui de la persistance de leur traînée; peu d'entre eux restèrent visibles plus de 3 secondes. M. du Chaillu observa qu'ils furent inférieurs dans ces aspects à ceux de la période d'avril, qu'il a étudiés sous le ciel pur de l'Afrique équatoriale. De 1 h. 52 à 2 h. 9 m., 300 furent enregistrés. De 3 h. 9 m. à 3 h. 24 m., 100. On n'en signale plus que 12 de 4 h. 42 à 5 h., et faibles pour la plupart. De 5 h. 45 à 6 h., on n'en compte que 5. Il n'est personne qui, familiarisé avec les constellations, ait soigneusement examiné le spectacle de la nuit du 13 au 14, sans reconnaître la valeur et l'exactitude de la théorie astronomique relative à ces corps célestes. Le point d'émission dans la constellation du *Lion* fut manifesté d'une façon très-remarquable. Tandis que les météores, dans le quartier opposé du ciel, traversaient des arcs de plusieurs degrés, dans le voisinage du point de divergence, ils brillaient pendant quelques secondes sans mouvement appréciable, de sorte que ceux auxquels la configuration des cieux n'est pas familière auraient pu les prendre pour des étoiles. On remarqua aussi pendant la nuit plusieurs éclairs brillants. Le dernier, à 3 h. 54 m., offrit une clarté particulière, une couleur d'orange foncé, et parut émaner sous le centre de rayonnement dans le Lion. L'horizon était occupé dans ce quartier par une teinte pâle, ressemblant aux teintes souvent remarquées pendant les aurores boréales. Un télégramme de M. Bishow, qui observa le phénomène à Weymouth, mentionne 1 h. comme le moment du maximum, ce qui s'accorde sensiblement avec nos observations. »

M. Georges Burder écrit de Clifton à la même date, 14 novembre :

« Pendant la soirée d'hier et jusqu'à 11 heures, on peut dire que les météores brillèrent par leur absence, car, quoique les cieux aient été constamment examinés, on n'en vit pas un jusqu'à ce moment. Vers 11 h. 20 m., on en vit un beau prenant une course horizontale dans le sud-est, mais nul autre ne fut enregistré avant 16 minutes après minuit, lorsque l'observation ayant été reprise après un intervalle, un brillant météore fut vu dans le nord, descendant obliquement à travers l'ouest, et laissant derrière lui une traînée lumineuse. Il fut rapidement suivi par un autre, puis par un troisième, et, en moins de 3 minutes, 11 furent comptés dans la même région du ciel, presque tous grands et accompagnés de traînées et suivant des directions analogues. L'exposition était évidemment ouverte. Entre minuit 22 m. et minuit 31 m., les regards tournés à la région opposée en comptèrent 36 ; la moyenne s'élevait à 4 par minute. Ceux-ci étaient disséminés dans le sud-est, l'hémisphère entier, et suivaient des directions qui, quoique variables en un sens, partaient cependant toutes sans exception du centre commun situé dans la constellation du Lion. A minuit et demi, un nuage venu du nord-ouest se répandit graduellement sur le ciel, et de petites gouttes de pluie tombèrent. A une heure moins un quart, le ciel commença à s'éclaircir dans la direction du vent, et comme les nuages se dissipaient, les météores recommencèrent à paraître à raison de 8 par minute, ou de 98 de 0 h. 48 m. à 1 h. La progression s'accrut rapidement, et à 1 h. 5 m., la pluie de météores atteignit son maximum d'intensité. Dans les 2 minutes comprises entre 1 h. 5 m. et 1 h. 7 m., on n'en compta pas moins de 81 dans la partie du ciel soumise à l'observation, et comme ils étaient également nombreux dans les deux hémisphères vers lesquels l'attention fut alternativement dirigée, on peut en conclure que ces magnifiques objets paraissaient en raison de 30 par minute. La scène fut très-frappante. Les météores se succédaient avec une telle rapidité que, occasionnellement, en les comptant, on dut en ajouter 5 en un même moment. Ils étaient de grandeur et de clarté variées. Un très-grand nombre atteignirent la grandeur apparente de Sirius, étoile qui donnait un point de comparaison facile. Plusieurs égalèrent Jupiter, et un certain nombre furent comparables à Vénus, dans son plus grand éclat. Peu l'excédèrent, et aucun ne fut beaucoup plus grand. Presque sans exception les météores laissèrent des traînées lumineuses, marquant la course qu'ils avaient traversée ; dans les cas les plus brillants, ces traînées furent superbes, offrant une teinte vert tendre et une apparence phosphorescente. Cette teinte verdâtre fut très-constante. Les météores eux-mêmes, au contraire, présentèrent souvent un éclat rougeâtre, et dans les cas où l'orbite paraissait s'approcher, et où la traînée et le météore venaient se superposer, le contraste entre les couleurs de chacun était très-remarquable. La traînée durait rarement plus de 2 ou 3 secondes, et jamais peut-être plus de 10. La longueur de l'orbite apparente variait en raison de la distance du point où le météore apparaissait. Dans la partie la plus lointaine du ciel, les météores sous-tendaient des arcs de 15, 20 ou même 25 degrés; ceux des environs du Lion étaient au contraire plus courts. On n'en vit aucun traverser entièrement le ciel, comme on l'a observé parfois pour les grands météores. Il était intéressant de voir tous ces météores prendre leur origine dans le voisinage immédiat du centre duquel ils rayonnaient. Cet endroit était situé sur une ligne tirée de γ à η Leonis, environ à 3 degrés de la première étoile et à 5 degrés et demi de la dernière. »

Passons maintenant aux dernières lettres.

Un certain nombre des récits d'outre-Manche sur les étoiles filantes sont quelque peu fantaisistes. M. B. Scott, écrivant de Weybridge, déclare que deux météores parurent s'approcher l'un de l'autre aussi intimement que s'ils se fussent enveloppés dans la même attraction, et qu'ils passèrent en vue, tournant l'un autour de l'autre, en décrivant des spirales de lumière, comme on voit les danseurs circuler dans une figure analogue à la chaîne des dames, « *revolving like partners hand across in a country dance.* » Ce fut là la plus singulière observation du soir ; on la fit entre une et deux heures, mais, hélas ! on a oublié de noter le temps précis. Nous le regrettons sérieusement ; mais nous voulons bien espérer, avec l'observateur, que dans l'ouest de l'Angleterre on n'aura pas manqué de constater cette illustration curieuse des lois de l'attraction.

Le *Sun* ajoute que l'on observa généralement des éclairs, et que l'on entendit le tonnerre en certains points pendant cette nuit. Quelques observateurs virent ou crurent voir une clarté insolite dans toute l'atmosphère, clarté indépendante des météores. (Comparer ces observations avec celles signalées par M. Phipson.)

M. Phillips, d'Oxford, écrit du Muséum : « La danse de notre feu d'artifice céleste commença à être intéressante à 11 h. 30 m., devint brillante vers minuit et d'un éclat splendide à minuit et demi. Depuis ce moment jusqu'à deux heures, une pluie incessante fut lancée des batteries couvertes du Lion, atteignant parfois la tête et la queue de la grande Ourse, et parfois croisant la ceinture d'Orion, tantôt volant sur nos têtes, et plus tard balayant les profondeurs de l'horizon occidental. Il fut facile de voir que des centaines et même des milliers de bombes qui venaient de l'est ou en divergeaient, ou simplement jetaient une lueur momentanée suivant l'arc le plus court possible, ou même ne suivaient pas d'arc et ne présentaient qu'un globe de lumière; il fut facile de voir que fort peu ou même aucune ne parurent obéir à aucun autre centre d'éruption que celui du Lion. Vers minuit, le point rayonnant fut certainement marqué plusieurs fois entre les astérismes de l'Ourse et les étoiles du Lion, alors à peine au-dessus de l'horizon. Vers 2 h. 30 m., lorsque le vol des étoiles se fut élevé et que le Lion fut à 40° au-dessus de l'horizon, on en vit trop peu assez proches du Lion pour qu'on puisse les rattacher à ce centre. »

Le type général des météores fut celui d'un feu d'artifice, suivant l'astronome d'Oxford, finissant en un globe de lumière rougeâtre, avec une longue traînée bleuâtre, paraissant caillée ou résolue; de telle sorte que cette traînée constituait une longueur étincelante en forme de lance, très-souvent séparée par un grand intervalle du principal globe de lumière.

Vers 12 h. 42 m. 10 s., on vit au nord le globe se diviser lui-même, souvent s'agrandir comme l'extrémité d'un morceau de métal chauffé à l'oxygène. La grandeur excéda quelquefois celle de tout objet céleste visible, par exemple Sirius; très-souvent elle fut plus brillante que Mars, et que Jupiter en son meilleur état.

La traînée fut presque toujours droite ou uniformément arquée, quelquefois serpentant en apparence (formant sans doute une longue spirale en réalité). La longueur d'un certain nombre de traînées atteignit 30 et 60 degrés. Les traînées qui traversaient le zénith suivirent un cours à angle droit avec le cercle méridien. La durée du vol n'excéda pas une seconde; celle de la traînée, trois secondes. En deux ou trois cas, dont l'un arriva à 1 h. 2 m. au nord, on vit deux globes et deux traînées se succédant sur la même ligne. En deux ou trois cas aussi, de larges globes éclatèrent et répandirent une telle lumière qu'ils furent signalés, par des observateurs qui ne les avaient pas vus, sous le titre « d'éclairs » (12 h. 30 m.), (1 h. 3). On n'a pas distingué les météores à travers de faibles nuages lorsque ceux-ci intervenaient.

Nous pourrions ajouter à ces relations une pièce intéressante du *Punch* sur la pluie d'étoiles du 14 novembre. Mais nos lecteurs connaissent le charivari de Londres, et très-certainement la pièce à laquelle nous faisons allusion ici est en complet désaccord avec leur gravité classique (1).

A propos d'étoiles — mais non d'étoiles filantes — nos lecteurs seront sans doute quelque peu surpris d'apprendre que sir John Herschel vient de traduire l'Iliade d'Homère en vers hexamètres anglais accentués. L'*Athenœum* dit beaucoup de bien de cette traduction, et nous nous souvenons qu'il y a un siècle et demi on disait beaucoup de bien de la traduction de l'Apocalypse de saint Jean par sir Isaac Newton. Quoique la traduction nouvelle du poëte grec soit l'une des plus exactes et des mieux comprises, il est à craindre que la forme du mètre employé par l'astronome, étant tout à fait étrangère au génie de la langue anglaise, très-prosaïque et peu homérique, cet ouvrage ne puisse être entièrement lu et apprécié que par un nombre de lecteurs très-restreint.

(1) *Voir* la Note II à la fin du volume.

Quoi qu'il en soit, c'est une distraction non futile pour la vieillesse de l'auteur des *Observations du cap de Bonne-Espérance* et des *Outlines of Astronomy*, que celle de traduire en hexamètres anglais le chef-d'œuvre du premier poëte épique.

La *période* de novembre n'a pas été aussi brillante en Amérique qu'en Europe ; cependant on a observé un assez grand nombre de météores. Se rappelant le spectacle magnifique de 1833, décrit par Olmsted et Palmer, on avait fait des arrangements pour sonner les cloches dans les différentes villes, dans le cas où un grand essaim comme celui de 1833 viendrait à se manifester, afin de réveiller les nabitants. Or, les cloches ne sonnèrent pas! M. le professeur Loomis, de Yale-College, dit que le lundi 12 novembre (pendant qu'à Londres il faisait un temps affreux, avec beaucoup de pluie) une compagnie d'observateurs, en Amérique, comptèrent 696 étoiles filantes en 5 heures et 20 minutes, ce qui est environ quatre fois le nombre horaire pour toutes les nuits de l'année. Le mardi 13 novembre, on compta en Amérique 881 étoiles filantes en 5 heures, ce qui est environ cinq fois la moyenne pour toutes les nuits de l'année. Le mercredi 14 (tandis qu'à Londres, en Angleterre, il faisait un temps superbe), en Amérique le ciel fut complétement couvert, et toute observation devint impossible.

Le même auteur observe que, si le phénomène périodique vu cette année en Amérique ne peut être nullement comparé à celui de 1833, il a été cependant assez remarquable ; mais que si l'on n'entend pas parler d'un grand essaim d'étoiles filantes vu cette semaine, dans quelque partie du monde, l'on attendra avec grande confiance une telle apparition pour les 13-14 novembre 1867.

En Perse, la pluie d'étoiles filantes a été observée dans toute sa splendeur, entr'autres par M. Méchin, qui se rendait à Ispahan. A chaque seconde on voyait des points lumineux se détacher du firmament et tomber dans le vide. Quelques-unes des étoiles filantes laissaient derrière elles une longue traînée lumineuse.

Il paraît que sous le ciel du Mexique le phénomène fut également moins caractérisé qu'en Europe. M. Newton, qui a consacré sa laborieuse carrière à l'étude spéciale des étoiles filantes, avait fixé le cycle à 33, 25 ans, et l'apparition probable au 13 novembre 1866. Ce passage devait être semblable à ceux de 1799 et de 1833, et probablement le dernier de ce siècle.

Très-récemment, dans une conférence faite à l'Institut royal de Londres, M. Alexandre Herschel, étant revenu sur cette question, faisait un appel aux observateurs, dans le but de surveiller scrupuleusement le ciel, chaque matin, de 1 h. à 2 h., quelques jours avant et après la date indiquée. Or M. A. Poëy, astronome français actuellement au Mexique, déclare que la chute extraordinaire que l'on espérait voir en 1865, aussi bien que celle attendue en 1866, a manqué sur toute l'étendue de l'empire du Mexique.

A la Nouvelle-Orléans, dans les nuits du 11 et du 12, plusieurs étoiles filantes furent observées et notamment un météore qui fut visible pendant *dix minutes*.

M. Haidinger, qui s'est occupé de la persistance plus ou moins longue des traînées lumineuses des étoiles filantes et des météores ignés, signala, depuis 1864, quarante-six exemples d'une durée prolongée. En 1856, M. Schmidt a observé à Laibach (Carniole) une persistance de *trente minutes*.

Ayant à cœur d'observer le phénomène dans tout son développement, dit M. Poëy, sous une latitude et à une altitude de 2280 mètres aussi importante que celle de Mexico, je m'étais associé M. Ignacio Cornejo, directeur de l'observatoire météorologique de l'Ecole des mines, ainsi que mon aide, M. Laure Arizcorretal, qui se sont chargés, le premier d'observer l'hémisphère austral, et le second d'annoter et de nous signaler les étoiles filantes qui pourraient nous échapper, tandis que je portais mon attention vers l'hémisphère boréal, théâtre de mes premières recherches, étant à même ainsi de relier les indications de Mexico avec celles déjà obtenues à la Havane.

Voici maintenant le résultat des observations qui ont été faites à l'observatoire de Santa-Clara, de la commission scientifique française qui se trouve sous ma direction :

Nuit du 13 *au* 14.

Hémisphère nord.		Hémisphère sud.		Total horaire.
De 12 à 1 h.	7 étoiles.	De 12 à 1 h.	11 étoiles.	18
De 1 à 2 h.	16 »	De 1 à 2 h.	12 »	28
Total.	23	Total.	23	46

Total des deux heures : 46 étoiles filantes.

Nuit du 14 *au* 15.

Hémisphère nord.		Hémisphère sud.		Total horaire.
De 1 à 2 h.	13 étoiles.	De 1 à 2 h.	17 étoiles.	30
De 2 à 3 h.	16 »	De 2 à 3 h.	10 »	26
Total.	29	Total.	27	56

Total des deux heures : 56 étoiles filantes.

On voit d'après ces deux jours d'observations :

1° Que le nombre d'étoiles filantes n'a fait que dépasser la moyenne de celles des nuits ordinaires, ne s'étant élevé qu'à 30 météores dans toute l'étendue du ciel et dans une seule heure, de une heure à deux heures, de la nuit du 14 au 15; 2° que le nombre total des étoiles filantes observées dans la nuit du 14 au 15 a été de 13 météores, plus considérable que celui du 13 au 14; 3° que le maximum du nombre horaire des météores a eu lieu de 1 h. à 2 h.; 4° qu'après 2 h. de la première nuit et après 3 h. de la seconde nuit, les étoiles filantes ont considérablement diminué, de même qu'elles ont été très-rares la deuxième nuit, de 12 h. à 1 h.; 5° qu'il n'y a pas eu de météores remarquables sous aucun rapport, et très-peu de ceux de première grandeur, mais que la plus grande partie, comme l'avait observé Olmsted, dans le retour de novembre, laissait des traînées lumineuses et presque toujours bleuâtres; 6° qu'enfin toutes ces étoiles filantes divergeaient ou émargeaient d'un centre commun situé dans la constellation du Lion.

L'auteur de ces observations en a conclu « à la non-existence, sous le ciel austral, des retours périodiques d'étoiles filantes, et à leur extinction graduelle du pôle nord à l'équateur. » C'est assurément là une conclusion que les astronomes n'accepteront pas sans inventaire.

Mais le résultat le plus curieux des observations astronomiques du 13-14 novembre 1866 fut assurément la théorie nouvelle que nous allons exposer dans les pages suivantes.

THÉORIE COMÉTAIRE DES ÉTOILES FILANTES.

Nous demanderons la permission de commencer l'exposition de cette théorie par l'article suivant, que nous avons publié dans le *Cosmos*, au commencement de l'année 1867 (4e livraison).

Au moment où quelques astronomes français et étrangers discutent la question des orbites météoriques et s'efforcent de les assimiler aux orbites cométaires, disions-nous, nous croyons opportun de traduire une lettre de S. V. Schiaparelli au R. P. Secchi « sur la marche et l'origine probable des étoiles météoriques. » Cette lettre est la quatrième de l'astronome romain; mais, comme elle résume la théorie, nous pouvons la présenter isolément ici.

L'auteur a montré dans les lettres précédentes une analogie entre les systèmes des étoiles météoriques et les systèmes des comètes. Or, ne pourrait-on supposer l'existence de systèmes mixtes, dans lesquels une masse d'astéroïdes se trouverait groupée dans l'espace autour d'un ou plusieurs noyaux plus considérables, c'est-à-dire autour d'une ou plusieurs comètes? Le monde des nébuleuses nous présente un certain nombre d'exemples de semblables agglomérations de corps d'ordres divers.

Les comètes à noyaux multiples ne sont pas rares, une d'elles a été observée par Hévélius; l'autre, découverte par le P. Secchi dans le *Lièvre* l'an 1853, avait en tête, elle aussi, plusieurs noyaux. Cette multiplicité, existant dès l'origine ou produite dans la suite, peut bien expliquer la division des comètes.

Il est évident que si un système mixte de cette

espèce est attiré vers nous sous forme de courant parabolique par l'attraction solaire, la parabole décrite par le corps principal (ou les paraboles décrites par les corps principaux) devra être peu différente de la parabole selon laquelle est plié le courant des corpuscules plus petits, par la raison que le courant dépend du faisceau d'un nombre infini de paraboles, dont fait partie celle du corps principal. Et, par conséquent, nous aurons résolu la question précédente d'une manière affirmative toutes les fois que nous rencontrerons un courant météorique formant une parabole identique en grandeur et en position à quelqu'une des paraboles cométaires : car, dans ce cas, la comète fera partie du courant susdit et sera un de ses éléments. D'après cette idée, M. Schiaparelli a calculé la parabole décrite dans l'espace par les étoiles filantes du 10 août, étoiles que, par brièveté, il appelle du nom collectif de *Perséides*, d'après la constellation dont elles paraissent sortir.

Ayant connaissance de la direction et de la quantité du mouvement absolu de la Terre, supposé égal à la vitesse parabolique des Perséides, et étant donnée la direction du mouvement relatif de celles-ci et de celui de la Terre, il sera facile de calculer la direction du mouvement absolu des Perséides dans l'espace, et de déterminer ensuite la tangente de la parabole décrite par elles. Or, une parabole est complétement définie, du moment qu'on possède comme données le foyer, la tangente et le point de contact.

Adoptant pour coordonnées du point de divergence Æ = 44°, déclin. boréale = 36° (1) ; et supposant en

(*) Les coordonnées correspondent au *k* de Persée, où

outre que, dans la présente année 1866, le maximum du phénomène ait eu lieu le 10,75 d'août, l'observateur a déterminé l'orbite suivante, dans laquelle il a été tenu compte des circonstances du mouvement elliptique de la Terre, abstraction faite de l'influence absolument inappréciable du mouvement diurne :

Éléments des Perséides 1866.

Passage au périhélie............	juillet 23,62
Passage au nœud descendant.....	août 10,75
Longitude du périhélie..........	343°38′
Longitude du nœud ascendant...	138.16
Inclinaison......................	64. 3
Distance périhélie...............	0,9643

Mouvement rétrograde.

Notre correspondant de Rome s'est servi pour ce calcul d'une méthode semblable à celle pratiquée par Erman au n° 385 des *Astronomische Nachrichten;* et des deux solutions possibles il a rejeté celle qui donne pour les Perséides une vitesse négative, en les faisant venir du point du ciel directement opposé au point de convergence. La vitesse relative avec laquelle les météores arrivent sur la Terre donne ici 33 milles italiens, valeur qui s'accorde suffisamment avec les données d'Alexandre Herschel, obtenues au moyen de l'observation directe (1). L'accélération produite par l'attraction

Alexandre Herschel a placé le point de divergence de l'année 1863. D'après les observations de la même année, l'auteur avait déterminé ce point en *n* de Persée, distant de *k* de moins de deux degrés.

(*) V. *Procedings of the British Meteorol. Society*, vol. II,

de la Terre n'altère ce résultat que d'une seule fraction de mille.

Maintenant, si l'on compare les éléments rapportés ci-dessus avec ceux qui appartiennent à la grande comète de 1862, selon le dernier calcul du docteur Oppolzer (1) :

Éléments de la comète 1862 III.

Passage au périhélie.........	1862, août 22,9
Longitude du périhélie.......	344°41′
Longitude du nœud ascendant.	137.27
Inclinaison..................	66.25
Distance périhélie...........	0,9626
Mouvement rétrograde.	
Temps révolutif.............	123^{ans},4
(Selon Stampfer, 113 ans.)	

on voit que les deux systèmes d'éléments ne diffèrent entre eux que de quantités facilement imputables au peu de précision avec laquelle il est permis de déterminer ainsi la position du nœud des Perséides, et celle de leur point de divergence. On pourrait certainement faire disparaître presque entièrement les différences, en adoptant de faibles changements dans les coordonnées de ce point ; mais M. Schiaparelli n'a pas voulu se donner cet amusement arithmétique qui, d'ailleurs, n'ajouterait rien à l'évidence des faits ci-dessus relatés.

Nous voilà donc arrivés à cette conclusion fort inattendue, que la grande comète de 1862 n'est probablement pas autre chose qu'une des Perséides d'août, et

p. 19, où la vitesse moyenne des Perséides en 1863 équivaut à 30 milles environ.

(*) *Astr. Nachr.*, n° 1384.

très-probablement la principale entre toutes. Une pareille étoile filante, pourvue d'un mouvement périodique d'un peu plus d'un siècle, est un phénomène propre à donner de sérieuses inquiétudes.

Oppolzer a fait le calcul de la distance minimum à laquelle la comète passe respectivement à l'orbite de la Terre, et il a trouvé 0,00472, c'est-à-dire moins du diamètre de l'orbite lunaire. La terre traverse cet espace en six heures ou un peu plus. Une telle proximité (en supposant que la comète passât au nœud le 10 août, un peu avant midi) pourrait bien devenir une véritable traversée, que la Terre ferait dans les parties les plus denses de la comète.

Puisqu'il est prouvé par les calculs de Stampfer que cette comète a une période d'un peu plus de cent ans, il devient intéressant de rechercher si les Perséides sont douées aussi d'un temps révolutif de cette durée. Si la perturbation qui a modifié l'ancienne orbite de la comète de 1862, dans la présente ellipse de cette période, a été antérieure à la séparation des Perséides plus petites de leur astre principal, il est évident que la révolution doit être à peu près égale pour les unes et pour l'autre. Mais, en supposant que le changement d'orbite (changement assez léger lorsqu'on compare l'ellipse présente avec la parabole) ait eu lieu après la dissolution du système, il serait possible que les Perséides aient un temps révolutif totalement différent de celui de la grande comète de 1862, quoiqu'au voisinage du Soleil les orbites soient presque identiques de forme et de position.

Pour obtenir quelque éclaircissement, l'auteur a recueilli du catalogue chinois de Biot, et du catalogue de Quetelet, les apparitions extraordinaires de météores, qui, raisonnablement, peuvent être classés dans les rangs de ces Perséides.

Il a trouvé les dates suivantes : 730, 833, 835, 841, 925, 926, 933, 1029, 1243, 1451, 1784, 1778, 1789, lesquelles forment une période assez régulière, en supposant que tous les 108 ans les Perséides aient un maximum de fréquence, qui ne serait pas si subit et si court que celui de novembre, mais durerait vingt ou trente ans. Ainsi la période serait identique à celle de la comète de 1862. Cependant on ne peut rien affirmer sur ce point, la durée de la révolution étant un point secondaire dans la présente question ; et l'on doit attendre que les observations poursuivies sur les Perséides viennent à démontrer s'il existe vraiment une période dans leur apparition.

L'orbite des étoiles de novembre fut également calculée, mais seulement d'une manière approximative.

Voici les éléments :

Passage au périhélie..........	octobre 30,5
Passage au nœud descendant..	novembre 13,5
Longitude du périhélie........	71°
Longitude du nœud ascendant.	231
Inclinaison...................	15
Distance périhélie............	0,96
Demi-grand axe..............	18,4
Temps de la révolution.......	33ans,3

Mouvement rétrograde.

Le catalogue des comètes n'indique aucune orbite semblable à celle-ci. Il est, par conséquent, vraisemblable, en tenant compte de la brièveté de la durée, que l'amas des étoiles filantes de novembre avant de se transformer en courant n'avait aucune masse considérable dans son sein, ou s'il y en avait une, elle est devenue invisible pour nous, peut-être à cause d'une transformation d'orbite.

C'est par cet article que nous avons annoncé la nouvelle théorie sur les orbites des étoiles filantes. Nous avons cru convenable de la reproduire, afin que nos lecteurs, jugeant en connaissance de cause, puissent rendre à César ce qui est à César. Déclarons-le hautement, cette théorie, quelle que soit d'ailleurs sa valeur, que nous ne jugeons pas encore, appartient tout entière à M. Schiaparelli, qui l'a publiée dans le *Bulletin de l'Observatoire de Rome*, août-décembre 1866.

Le fait le plus important des actualités scientifiques est sans contredit la découverte de la relation qui paraît exister entre les étoiles filantes et les comètes. Aussi croyons-nous nécessaire d'établir scrupuleusement ici l'histoire de cette découverte et les points fondamentaux qui la caractérisent.

Jusqu'à présent les astronomes s'accordaient généralement à regarder les étoiles filantes comme formant des anneaux continus circulant autour du Soleil suivant une ellipse. Cette ellipse est considérée comme coupant l'orbite de la Terre vers le 10 août et le 14 novembre. M. Schiaparelli, directeur de l'observatoire Bréra, à Milan, a modifié essentiellement la théorie admise jusqu'ici.

M. Schiaparelli est le premier qui soit arrivé à des

déductions concernant l'identification des orbites des étoiles filantes avec celles des comètes, et spécialement des essaims d'août et de novembre avec les comètes de 1862 et de 1866. Nous devons d'abord donner la date de ses écrits sur ce sujet, lesquels furent successivement publiés sous forme de lettres au P. Secchi dans le *Bulletino meteorologico del Collegio romano*.

La *première lettre*, datée du 25 août 1866, fut publiée dans le *Bulletin de Rome*, le 5 septembre suivant. L'auteur y déduit du phénomène de la variation horaire des étoiles filantes, trouvée par M. Coulvier-Gravier, leur vitesse moyenne dans l'espace, qui se trouve approcher beaucoup de la vitesse parabolique. M. Faye a ajouté quelques remarques à cette lettre dans la séance de l'Académie des sciences du 24 décembre 1866.

La *deuxième lettre*, datée du 16 septembre 1866, fut publiée le 31 octobre dans le *Bulletin de Rome*. L'astronome de Milan examine dans cet écrit par quelle déformation successive un essaim de corpuscules attirés par le soleil jusqu'à l'intérieur du système planétaire doit se transformer en un courant parabolique, mettant un temps plus ou moins long à passer, partie par partie, au périhélie. Il montre que, pour un essaim très-rare, cela peut et doit toujours arriver.

La *troisième lettre* fut publiée le 30 novembre. On y examine l'effet que l'attraction mutuelle des corpuscules exerce sur la formation des courants paraboliques; pour les essaims connus, cet effet peut être regardé comme absolument nul. On montre ensuite la formation des courants annulaires, et en particulier de celui de novembre, par la perturbation qu'une planète aurait exercée sur l'essaim avant que celui-ci se soit transformé en courant.

La *quatrième lettre*, publiée dans le *Bulletin de Rome*, le 31 décembre, contient le calcul des orbites décrites par les essaims d'août et de novembre, la détermination de la période de l'essaim d'août (108 ans) et l'identification de son orbite avec celle décrite par la grande comète de 1862. Cette lettre résume les précédentes. Nous l'avons traduite et publiée, comme nous l'avons dit plus haut, et c'est elle que nous venons de reproduire dans les pages qui précèdent.

Enfin, dans une *cinquième lettre*, publiée le 28 février dans le *Bulletin de Rome*, l'auteur ajoute un calcul détaillé de l'orbite de l'essaim de novembre fait sur les nouvelles observations anglaises du point radiant, et établit l'identification de cette orbite avec l'orbite de la comète de Tempel (1866, I). Ces derniers résultats ont été publiés dans le numéro 1629 des *Astronomische Nachrichten*. Voici les principaux passages donnés par le journal astronomique de M. Peters :

« Je crois être parvenu, dit M. Schiaparelli, à donner à cette analogie (étoiles filantes et comètes), un degré assez considérable de probabilité. Il ne paraît plus douteux que certaines comètes, sinon toutes, fassent partie de nombreux courants météoriques qui sillonnent les espaces célestes. Ainsi la comète de 1862 n'est autre chose qu'une des étoiles filantes d'août, et la dernière comète de Tempel fait partie du courant de novembre. » Voici la preuve de ces assertions singulières.

Dans le numéro 385 des *Astronomische Nachrichten*, M. le professeur Erman a montré de quelle manière on peut obtenir la connaissance complète de l'orbite décrite par un système d'étoiles filantes, lorsqu'on suppose donnée la position apparente du point de radiation, et la grandeur de la vitesse absolue des météores dans l'espace. Convaincu de la nécessité que l'orbite de ces astres soit une section conique très-allongée, l'astronome italien profita de cette méthode pour calculer les éléments paraboliques du courant d'août; pour cet effet, il suppose que la vitesse soit la vitesse parabolique, et adopte pour le point de divergence les coordonnées suivantes :

Æ = 44°. Décl. bor. = 56°,

qui résultent des observations faites en 1863 par M. A. Herschel. Le maximum de l'apparition pour 1866 a été fixé au 10,75 d'août. Nous mettons de nouveau ici en regard les éléments des étoiles du 10 août avec ceux de la comète III, 1862.

	Étoiles du 10 août.	Comète III, 1862.
Passage au périhélie...	juillet 23,62 1862,	août 22,9
Longitude du périhélie.	343°38′	344°41′
Nœud ascendant......	138.16	137.27
Inclinaison...........	63. 3	66.25
Distance périhélie.....	0,9643	0,9626
Révolution............	105 ans ?	123,4?

Mouvement rétrograde.

Le temps révolutif des météores d'août est encore assez douteux, l'auteur l'a déduit des apparitions extraordinaires citées dans les catalogues de MM. Biot et Quételet et que l'on peut avec certitude rapporter au phénomène d'août. En introduisant dans le calcul cette révolution hypothétique de 105 ans, les autres éléments subissent de petits changements très-inférieurs à l'incertitude des données sur lesquelles est appuyée leur détermination.

Dans les écrits cités, M. Schiaparelli avait donné l'orbite des étoiles de novembre, en partant du point de radiation déterminé en 1833 par les Américains, savoir γ *Leonis*. Mais les dernières observations faites avec beaucoup de soin en Angleterre ont démontré que cette position du point radiant est fautive de plusieurs degrés, de sorte que l'orbite nommée ne peut être regardée que comme une très-grossière approximation. Voici le calcul plus exact, comparé avec les éléments de la comète de 1866, donnés par M. Oppolzer. Le passage au périhélie est rapporté au temps moyen de Milan :

	Étoiles du 13 nov. 1866.	Comète I, 1866.
Passage au périhélie...	nov. 10,092	janv. 11,160
Longitude du périhélie.	56°25′,9	60°28′,0
Nœud ascendant......	231.28,2	231.26,1
Inclinaison...........	17.44,3	17.18,1
Distance périhélie.....	0,9873	0,9765
Excentricité...........	0,9046	0,9054
Demi-grand axe.......	10,340	10,324
Révolution...........	33ans,250	33ans,176

Mouvement rétrograde.

Il est supposé dans ce calcul : 1° que le maximum de novembre ait eu lieu le 13, à 13h 11m.1 temps moyen de Greenwich ; 2° que la position du point de radiation soit 143° 12′ de longitude par 10° 16′ de latitude nord ; 3° que la révolution périodique soit 33 ans 25, d'après M. Newton. La position du point de radiation est la moyenne de 15 déterminations recueillies par M. A. Herschel et citées dans les *Monthly notices*, t. XXVII, p. 19. En avançant ce point de deux degrés en longitude, en prenant, par conséquent, 145° au lieu de 143°, on peut faire disparaître la différence de quatre degrés qu'on observe dans la longitude du périhélie.

« Ces rapprochements n'ont pas besoin de commentaires, dit en terminant M. Schiaparelli ; faut-il regarder les étoiles filantes comme des essaims de petites comètes, ou bien comme le produit de la dissolution d'autant de grandes comètes? Je n'ose pas répondre à une pareille question. »

Cette nouvelle théorie appartient en propre au directeur de l'Observatoire de Milan. Nous pouvons ajouter avec lui que la relation entre les comètes et les étoiles filantes avait déjà été devinée par Chladni dans son livre *Die Feuermeteoren*, en 1819, et que la nécessité de fortes excentricités dans les orbites des étoiles filantes avait déjà été reconnue par M. Newton dans les derniers *Reports* de l'Association britannique et dans l'*Annuaire* de Bruxelles pour 1866.

A la séance de l'Association scientifique de France, tenue le 16 janvier à l'Observatoire de Paris, M. Le Verrier a présenté une nouvelle théorie sur l'*origine des étoiles filantes*, qui offre de très-grands rapports avec celle de M. Schiaparelli. En se fondant sur le mouvement rétrograde des étoiles de novembre, il a conclu, comme le précédent, qu'elles devaient être primitivement étrangères au système solaire ; pour lui, comme pour le précédent auteur, la cause de ces phénomènes devait être cherchée dans quelque amas de matières cosmiques, introduit à la manière des comètes dans la sphère d'action du Soleil, et fixé dans notre système par l'action perturbatrice d'une planète accidentellement placée sur sa route. Les étoiles filantes proviendraient de la désagrégation de vastes amas de matières cosmiques, sous l'action perturbatrice du soleil ou d'une grosse planète.

Le 21 janvier, le directeur de l'Observatoire de Paris présenta à l'Académie des sciences une même lecture sur le même sujet, et enfin publia dans le *Moniteur* une lettre plus solennelle, sur la même question, à son illustre confrère sir John Herschel. Il a personnellement ajouté un développement particulier relatif à une action présumée d'Uranus sur l'essaim de novembre. « On ne peut, dit-il, qu'être frappé de cette circonstance, que l'essaim de novembre s'étend jusqu'à l'orbite d'Uranus, et fort peu au delà ; d'autant plus que ces orbites se coupent, à fort peu de chose près, en un point situé après le passage de l'essaim à son aphélie et au-dessus du plan de l'écliptique. Nous sommes donc engagés à rechercher si Uranus et l'essaim ont pu se trouver simultanément en ce point, c'est-à-dire dans le voisinage du nœud de l'orbite... En résumé : tous les phénomènes peuvent être expliqués par la présence d'un essaim globulaire jeté par Uranus en l'année 126 de notre ère dans l'orbite que les observations assignent à l'essaim des astéroïdes de novembre.... L'action d'Uranus aura changé inégalement les vitesses absolues des corpuscules ; et cette action surpassant l'attraction résultant de leur masse totale, l'essaim se sera désagrégé en s'étendant sur la périphérie de l'ellipse. »

Les astronomes, et ceux qui ont suivi de près la question, n'ont pu s'empêcher de remarquer que M. Le Verrier a constamment oublié de nommer même son collègue italien. Nous savons, par expérience, qu'il est possible d'arriver par des voies différentes aux mêmes conclusions. Mais il ne semble pas qu'ici M. Le Verrier ait pu ignorer le travail de M. Schiaparelli, publié dans le *Bulletin de Rome* et en partie traduit par les *Mondes* et par le *Cosmos*. « Dans ses diverses communications, dit M. l'abbé Moigno, M. Le Verrier, fidèle à ses précédents, s'attribue tout le mérite d'une explication qui ne lui appartient que par une hypothèse très-secondaire. Nous sommes désolé d'avoir à apprendre à nos lecteurs que l'intrépidité de M. Le Verrier a été couronnée du plus grand succès. Nous demandons à tous nos confrères de la presse qu'ils s'unissent à nous pour empêcher une spoliation véritablement injuste ; M. Le Verrier a foulé aux pieds tous les droits de la priorité scientifique en ne tenant aucun compte des publications faites par M. Schiaparelli. Nous ne sachions pas que dans l'histoire entière de l'astronomie on puisse citer un fait plus inattendu et plus extraordinaire que celui de l'identification des orbites des deux essaims météoriques d'août et de novembre avec les orbites des deux comètes récemment apparues, comme pour se prêter au plus étonnant des rapprochements. Mais répétons-le encore, la gloire de cette brillante découverte appartient tout entière à M. Schiaparelli, et M. Le Verrier ne peut en revendiquer qu'un aperçu conjectural. »

Celui-ci a néanmoins persisté à se taire sur la priorité de l'astronome de Milan. Dans une note insérée à la fois le 3 mars dans le *Bulletin international de l'Observatoire*, et le 8 dans le *Bulletin de l'Association scientifique de France*, il a continué à s'attribuer la théorie cométaire des étoiles filantes. Tel est l'état historique de la question. Nous n'insisterons pas davantage sur ces discussions de personnalité. Voici, du reste, la dernière communication de M. Le Verrier :

« M. Newton, de New-Haven, partant de la considération des flux d'étoiles filantes observés depuis l'an 902, et dont les chroniqueurs nous ont gardé le souvenir, a fixé à 33 $\frac{1}{4}$ ans la durée d'une période du phénomène de novembre. On est fondé, d'un autre côté, à croire que le milieu d'une des périodes serait tombé en l'année 1866,75. On peut aussi trouver le milieu de toutes les périodes. En retranchant, par exemple, la durée de 52 périodes, équivalant à 1729 années, on trouve que le milieu d'une d'elles aurait eu lieu en l'année 137,75 de notre ère.

« La discontinuité du phénomène montre qu'il n'est pas dû à la présence d'un anneau d'astéroïdes, que la Terre rencontrerait, mais bien à l'existence d'un essaim de corpuscules se mouvant dans des orbites très-voisines les unes des autres, et qui, à notre époque, viennent couper l'écliptique vers le 13 novembre. La longitude du point d'intersection de ce nœud de l'orbite de l'essaim s'obtient en calculant aux époques des apparitions la longitude de la Terre ; on trouve pour cette longitude, comptée de l'équinoxe, 51° 18'-1', 711 (1850-T), T étant le millésime de l'année. En 157, par exemple, on conclut ainsi : 2° 27', pour la longitude équinoxiale du nœud.

« Ce mouvement de 1′, 711 par année est considérable. La rétrogradation du point équinoxial sur l'écliptique n'y entre que pour 0′837 ; d'où il faut conclure que le nœud de l'orbite des astéroïdes a un mouvement propre et direct annuel de 0′, 874. Il serait produit par l'action de la Terre, ce qui n'a rien d'impossible ; on sait, en effet, que les astéroïdes de novembre divergent en venant d'un point de la constellation du Lion, situé par 142° de longitude et 8°, 30′ de latitude ; le mouvement dans leur orbite étant rétrograde, le déplacement du nœud dû à l'action de la Terre doit être direct.

« Nous avons dit que le phénomène ne peut être produit que par un essaim de corps, essaim d'une longueur assez notable. Nous ajoutons que cet essaim doit être considéré comme venu après coup dans la partie du ciel qu'il parcourt de nos jours.

« Tous les corps bien posés de notre système planétaire tournent autour du Soleil d'occident en orient ils tournent sur eux-mêmes, et leurs satellites tournent autour d'eux dans le même sens. Comment un corps appartenant au même ordre de formation aurait-il pu marcher en sens inverse de tout le reste, surtout quand il n'a qu'une masse si faible ? Nous connaissons, il est vrai, des comètes rétrogrades et dont la masse est fort peu de chose ; mais nous savons qu'elles viennent de points excessivement éloignés dans l'espace et que, soit qu'on les considère comme appartenant au système solaire ou bien aux systèmes sidéraux, on trouve des raisons suffisantes pour expliquer leur mouvement rétrograde, raisons qui laissent toujours intacte cette conclusion, qu'elles ne sont venues qu'après coup visiter les parties inférieures de notre système planétaire.

« L'essaim que nous considérons pourrait n'être pas de la même date que notre système et être pourtant fort ancien. Il y a lieu de supposer qu'il est beaucoup plus nouveau.

« Aux diverses époques des apparitions constatées, la Terre n'était pas rigoureusement à la même distance du Soleil. Le rayon de l'orbite terrestre éprouve des variations, notamment en raison de l'action de la Lune et du mouvement progressif du périhélie de la Terre. Il en résulte que l'essaim est fort large, et comme ses particules sont indépendantes les unes des autres, il n'est pas douteux que leurs diverses vitesses tendent à les répandre peu à peu le long de l'anneau dont elles n'occupent encore qu'un nombre très-limité de degrés. Pour peu donc que le phénomène fût ancien, cosmiquement parlant, l'essaim se serait complétement répandu en un anneau continu ; et s'il n'en est pas ainsi, il faut que le travail de sa dislocation n'ait commencé qu'il y a peu de siècles. Ajoutons que s'il y avait eu déjà un nombre immense d'apparitions, la Terre, qui, à chacune d'elles, expulse une partie de la matière du corps de l'essaim, n'aurait laissé rien de régulier à notre époque.

« Par tous ces motifs, nous croyons que l'essaim des astéroïdes nous est venu des profondeurs de l'espace, et que, dans l'intervalle de chacune des périodes, il retourne vers les planètes supérieures. Un corps venant de loin, animé d'une grande vitesse, au moment où il atteignait la minime distance de la Terre au Soleil, n'a pas pu être fixé par la faible action des planètes inférieures dans une orbite d'une ou deux années. Le calcul en donne la conviction, et l'on en trouve une preuve physique en ce que l'essaim qui repasse tous les 33 ans près de la Terre n'est pas complétement troublé dans l'ensemble de son orbite, sans quoi on ne le reverrait pas à des intervalles réguliers.

« Admettant donc que l'essaim circule dans une orbite de 33 $\frac{1}{4}$ ans, que la distance périhélie est égale au rayon 0, 989 de l'orbite de la Terre au moment des apparitions, nous trouvons pour premiers éléments de l'orbite :

Durée de la révolution	33ans,25
Demi-grand axe....................	10,34017
Excentricité......................	0,904354
Distance périhélie................	0,98900
Distance aphélie..................	19,69134
Mouvement moyen annuel............	10°,82707

« La considération des vitesses absolues de la Terre et de l'essaim, au moment de leur rencontre, le 13 novembre, conduit d'ailleurs à la connaissance de l'inclinaison de l'orbite, savoir : 14° 41′. Nous avons déjà obtenu le nœud. Il ne reste plus d'indéterminé que le périhélie, qui doit être très-voisin du nœud.

« L'essaim, nouveau dans le système, n'a pu être introduit et jeté dans son orbite actuelle que par une cause perturbatrice énergique, ainsi que cela a eu lieu pour les comètes périodiques, et comme nous l'avons vu notamment pour la comète de 1770. D'un autre côté, les comètes ainsi troublées jusqu'au point d'acquérir une petite distance périhélie retournent nécessairement jusqu'à l'astre dont elles ont subi l'action; ainsi la comète de 1770 est retournée jusqu'à Jupiter. Sous tous ces rapports, on ne peut qu'être frappé de cette circonstance, que l'essaim de novembre s'étend jusqu'à l'orbite d'Uranus et fort peu au delà; d'autant plus que ces orbites se coupent, à fort peu près, en un point situé après le passage de l'essaim à son aphélie et au-dessus du plan de l'écliptique.

« Nous sommes donc engagés à rechercher si Uranus et l'essaim ont pu se trouver simultanément en ce point, c'est-à-dire dans le voisinage du nœud de l'orbite. Or, sans entrer dans le détail de cette recherche, nous dirons que rien de pareil n'a pu avoir lieu plus tôt qu'en l'année 126, mais qu'au commencement de cette année l'essaim a pu s'approcher d'Uranus; c'est ce que nous allons démontrer. (Nous omettons cette partie de l'exposé et nous nous bornons à dire que l'essaim se serait jeté sur Uranus même, en adoptant l'exactitude des données précédentes déduites des observations changeant le nœud, en l'an 126, de 1°48' seulement, et plaçant le périhélie à 4 degrés du nœud descendant en novembre.)

« Nous n'avons d'arbitraires dans cette conclusion que moins de 2 degrés sur le nœud et 4 degrés sur le périhélie; ces incertitudes sont dans les limites que comportent les observations. Nous sommes donc seulement autorisés par là à conclure qu'en l'an 126 l'essaim est passé dans le voisinage d'Uranus. Il nous reste à examiner si, en supposant qu'il se trouvât à cette époque en une agglomération plus compacte, l'action d'Uranus a été capable de le jeter dans l'orbite elliptique qu'il a conservée, de même que Jupiter nous avait donné la comète de 1770.

« L'essaim pouvait avoir, avant la grande perturbation, un diamètre notable, égal, par exemple, au tiers du diamètre d'Uranus, plus ou moins. Malgré la faiblesse de l'attraction exercée par l'ensemble de la masse sur chacun des corpuscules, cet ensemble affectait une forme sphérique, ainsi qu'on le voit pour les comètes qui ne passent pas dans le voisinage immédiat de quelque grand corps.

« Il pouvait décrire, autour du Soleil, une hyperbole, une parabole ou même une ellipse.

« Le sens du mouvement, avant les grandes perturbations, pouvant être direct dans une parabole ou dans une ellipse fort étendue, il n'y a rien qui oblige à supposer que l'essaim n'appartînt pas primitivement au système solaire.

« L'action d'Uranus aura changé inégalement les vitesses absolues des corpuscules ; et cette action surpassant l'attraction résultant de leur masse totale, l'essaim se sera désagrégé en s'étendant sur la périphérie de l'ellipse. Dans un cas que nous avons examiné, le passage principal près de la Terre durerait aujourd'hui pendant un an et demi environ, ce qui suffirait pour expliquer la répartition de la masse sur un arc de l'ellipse, lors même qu'on ne tiendrait pas compte des perturbations ultérieures dues à l'action de la Terre.

« Du moment que la distribution de la matière le long de l'ellipse a commencé, on devrait s'étonner qu'elle n'embrassât qu'un si petit arc, si le phénomène n'était pas tout nouveau. Mais cet arc ira en s'accroissant et l'anneau finira par se fermer.

« Le phénomène apparaîtra dans la suite des temps un plus grand nombre d'années consécutives, mais en s'affaiblissant en intensité. Cette diminution de l'éclat proviendra non-seulement de la répartition de l'ensemble des corpuscules sur un plus grand arc, mais en outre de ce qu'à chaque apparition la Terre en déviera un très-grand nombre en dehors de leur orbite.

« On peut se demander si un changement dans la distance périhélie ne pourrait pas faire disparaître tout à fait le phénomène. Mais cela ne semble pas, à cause de l'étendue actuelle de l'essaim. En admettant même qu'il vienne à rencontrer de nouveau Uranus, cette planète n'agira que sur une partie de la matière et ne déviera pas de nouveau le tout, comme Jupiter a pu le faire, en 1770, pour la comète de Lexel.

« Les étoiles périodiques du 10 août, dues à un anneau complet, puisque le phénomène revient chaque année, reçoivent une explication pareille. Seulement, le phénomène est plus ancien ; l'anneau a eu le temps de se fermer. Nous ne pouvons, relativement à cet anneau, nous livrer à aucune étude du même genre que pour celui de novembre, la continuité annuelle du phénomène ne nous permettant pas d'en établir la période avec assez de certitude.

« La destruction progressive des masses cosmiques d'astéroïdes, par l'action de la Terre qui les disperse peu à peu dans l'espace, donne, avec d'autres phénomènes du même genre, naissance aux étoiles sporadiques qui sillonnent sans cesse le ciel. »

On voit que la théorie exprimée par le directeur de l'Observatoire de Paris ne diffère de celle du directeur de l'Observatoire de Milan que par l'hypothèse secondaire de l'attraction qu'aurait exercée Uranus sur l'essaim d'astéroïdes. On trouvera dans les notes (1) la lettre écrite à sir John Herschel, dans laquelle l'astronome français ne daigne pas citer plus qu'ici le nom de l'astronome italien auquel il a emprunté l'idée de sa théorie, ou dont il ne pouvait au moins méconnaître les articles, puisque M. Le Verrier reçoit comme nous le Bulletin de l'Observatoire de Rome.

L'exposé de cette nouvelle théorie fut continué à l'Académie des Sciences, par M. Faye.

Cet astronome considère les vues précédentes comme hypothétiques. « Mais ce qui n'est pas hypothétique, dit-il, ce qui nous a tous frappés d'étonnement, ce sont les deux découvertes faites coup sur coup par M. Schiaparelli et M. Peters sur les deux orbites dont nous venons de parler. A peine étaient-elles obtenues, qu'on y reconnut trait pour trait les orbites, récemment calculées par M. Oppolzer, de la grande comète de 1862 et de celle de Tempel. Quelle étonnante coïncidence! Rien jusque-là ne devait la faire pressentir, car les essaims cosmiques admis par les deux savants auteurs n'étaient nullement dans leur pensée de véritables comètes; mais comme rien n'empêchait d'y mettre hypothétiquement une comète au milieu des matériaux destinés à former plus tard les étoiles filantes, on se tira d'affaire avec cette supposition. On admit donc que ces deux amas cosmiques contenaient chacun une comète

(1) *Voir* la Note III à la fin du volume.

à leur entrée dans notre système, comètes qui auraient échappé à la dissolution complète des amas primitifs, tout en continuant à décrire la même orbite que les matériaux dispersés. Nous savons en effet que les comètes présentent une tout autre résistance que ces essaims cosmiques, témoin celle de 1843, qui a presque rasé la surface du Soleil sans éprouver de catastrophe. »

M. Faye déclare qu'il ne peut se rallier à cette hypothèse de nuages cosmiques et propose la théorie suivante :

Sous l'action du Soleil, les comètes émettent vers leur périhélie des queues gigantesques aux dépens de leur propre substance ; mais, au rebours des nuages cosmiques qui s'étaleraient dans le sens de leur orbite, les comètes envoient leurs prolongements ou leurs appendices dans le sens du rayon vecteur. Ne nous laissons pas décourager par cette différence, quelque considérable qu'elle soit. Les comètes semblent fuser dans le sens du rayon vecteur par deux bouts opposés. L'émission principale est dirigée vers le Soleil, il est vrai, mais elle rebrousse chemin en partie et va se mêler à l'émission opposée. Ces matériaux, qui occupent un espace considérable, font dans le ciel des chemins si différents de celui du noyau, qu'on ne peut s'empêcher de conclure que leur vitesse finale doit différer sensiblement de la vitesse parabolique propre à la comète. Évidemment, une partie de ces effluves marche avec une vitesse bien supérieure à celle de la parabole cométaire, et va se perdre à tout jamais dans les profondeurs de l'espace, tandis qu'une autre partie, suivant une marche différente, doit être animée finalement d'une vitesse inférieure à celle du noyau, et rester par conséquent dans le système solaire.

Toutes les comètes, périodiques ou non, continue M. Faye, seraient dans ce cas, pour peu qu'elles atteignent ou dépassent l'orbite de Mars. Chaque comète laisserait ainsi une trace matérielle de son passage dans les régions voisines du Soleil. Si cette trace devenait sensible pour nous, elle nous permettrait de retrouver, non pas l'orbite de la comète, mais le plan dans lequel l'orbite était située et le sens de son mouvement. Elle nous dirait aussi de quel côté était son périhélie. Quand la comète génératrice serait périodique, à chaque révolution, à chaque retour près du Soleil, elle renouvellerait par son émission nucléale cette trace persistante et réparerait les disséminations opérées par les perturbations planétaires.

La matière ne se perd pas. Il faut donc qu'elle se retrouve dans un endroit du plan parcouru. Si la comète a passé près de l'orbite terrestre, les effluves émises à cette époque repasseront aussi près de cette orbite, et si la Terre se trouve au même instant dans cette région, il y aura choc, choc bien innocent sans doute par des matériaux si légers; à peine pourront-ils percer les premières couches de notre atmosphère. Mais le mouvement ne se perdant pas plus que la matière, la force vive se transformera en chaleur; peut-être même la lumière jaillira-t-elle un instant. Ce qui complète la ressemblance avec le phénomène des étoiles filantes, c'est qu'à la même date de l'année, ce sera toujours dans la même direction que ces chocs auront lieu. Et comme chaque comète laisse après elle un essaim pareil de molécules abandonnées, le même phénomème se reproduira d'un bout à l'autre de l'année, partout où un plan cométaire sera coupé par l'orbite terrestre. Ainsi, le tableau des centres de radiation des étoiles filantes serait comme le reflet du catalogue des comètes récentes.

Ces divers anneaux cométaires compteraient-ils, se demande M. Faye, autant de plans distincts qu'il est passé ici-bas de comètes depuis un certain laps de temps? Ce sera sans doute vers leur périhélie qu'ils devront être visibles, car là leurs matériaux sont moins disséminés qu'à l'aphélie. Là ils se projetteront pour nous, les uns sur les autres, en une masse confuse de lumière très-faible dont la perspective, sur la voûte noire de la nuit, dépendra de la répartition de ces périhélies autour du Soleil. Si la répartition est uniforme, la masse lumineuse paraîtra à peu près sphérique, avec un accroissement sensible d'éclat vers le centre. S'il existe quelque cause d'accumulation, cette masse lumineuse à contours indécis s'étalera le long d'un certain plan et prendra pour nous une forme grossièrement lenticulaire. Une pareille cause existe pour le plan de l'écliptique ; c'est la présence des grosses planètes, dont l'action a transformé tant de comètes paraboliques en comètes à courte période.

Pendant l'obscurité d'une éclipse totale, les effluves cométaires peuvent devenir visibles : loin du Soleil, ces courants disparaîtront sans doute dans le ciel assombri, non pas noir, des éclipses ; mais tout près du Soleil, là où l'illumination des régions circumsolaires est la plus intense, là où ces courants enchevêtrés se projettent en grand nombre les uns sur les autres, ils devront apparaître en traits de lumière capricieusement agencés. Tous ceux dont les plans ne s'écarteront pas trop de notre œil traceront des rayons émanant du centre même du disque solaire ; les autres formeront des faisceaux de lignes diversement orientées ; quelques-uns semblent tangents au contour du Soleil ; d'autres encore, s'entrecroisant plus loin, produiront là quelque tache lumineuse plus ou moins compliquée.

Si ces courants étaient encore trop faibles pour expliquer la brillante auréole des éclipses totales, on pourrait au moins espérer d'en retrouver une trace dans leur effet sur les mouvements des comètes elles-mêmes. Ils constituent en effet une sorte de milieu résistant tel que les géomètres, Encke surtout, pouvaient le concevoir ; seulement, ce milieu est en mouvement, et l'analyse relative à la résistance d'un milieu immobile ne lui est pas entièrement applicable.

« Je ne sais, dit M. Faye, si en groupant les conséquences d'un fait naturel très-vulgaire, tel que l'émission nucléale des comètes, j'aurai réussi à expliquer les phénomènes des étoiles filantes, de la lumière zodiacale et de l'auréole des éclipses de Soleil et du milieu résistant. S'il en était ainsi, la vitesse des étoiles filantes ne serait pas parabolique ; elle serait seulement bien supérieure à la vitesse circulaire. De même, la période des maxima d'un flux périodique ne donnerait pas le temps de la révolution des météores, mais celui de la comète génératrice. L'hypothèse des nuages cosmiques se transformant en essaims d'étoiles filantes sous l'action perturbatrice des planètes deviendrait inutile. Enfin, la coïncidence si frappante des orbites calculées pour les flux d'août et de novembre, avec celle des comètes de 1862 et de 1866, proviendrait de cette circonstance importante à noter que la vitesse des effluves cométaires, toujours inférieure à la vitesse parabolique, n'en diffère pourtant que d'une fraction de cette même vitesse qui atteint son minimum non loin de l'orbite terrestre. En d'autres termes, ce seraient les comètes que l'on aurait réellement calculées, en empruntant seulement aux courants météoriques les éléments qui déterminent le plan de l'orbite : le peu de différence des vitesses à la distance 1 permettant de prendre, sans trop d'erreur, le point de radiation du flux météorique pour le point de radiation de la comète elle-même. »

Cette explication de M. Faye sera appréciée de nos lecteurs. Mais avant l'explication il sera bon de constater d'abord si la théorie de la relation entre les étoiles filantes et les comètes est bien l'expression de la réalité.

Il nous reste maintenant à compléter les documents qui précèdent par deux communications importantes adressées à l'Académie des sciences.

La première, de M. Adams, directeur de l'Observatoire de Cambridge, a pour objet l'essaim de novembre et la comète I 1866; elle se résume comme il suit :

Adoptant la position suivante du point radiant :

Ascension droite..................	149°12′
Déclinaison boréale...............	23. 1 N

qui est la moyenne de la propre détermination de cet

astronome et de cinq autres calculs, et tenant compte de l'action de la Terre sur les météores, lorsqu'ils se sont approchés de nous, M. Adams conclut les éléments suivants de l'orbite :

Période..........................	33,25 années (admise).
Moyenne distance.............	10,3402
Excentricité....................	0,9047
Distance périhélie.............	0,9855
Inclinaison......................	16° 46′
Longitude du nœud..........	51,28
Distance du périhélie au nœud.	6,51

Mouvement rétrograde.

L'accord de ces éléments avec ceux de la comète de Tempel (I, 1866) est encore plus grand que celui que présentent les éléments calculés plus haut par M. Le Verrier.

Au moyen de ces éléments et en employant la méthode de Gauss donnée dans sa *Determinatio Attractionis*, l'astronome de Cambridge a calculé la variation séculaire du nœud de l'orbite des météores due à l'action des planètes Jupiter, Saturne et Uranus. Il a trouvé que, dans une période totale des météores, c'est-à-dire en 33,25 années, le mouvement du nœud est :

Par l'action de Jupiter, de.............	20′
» de Saturne, de............	7 $\frac{3}{4}$
» d'Uranus, de..............	1 $\frac{1}{4}$

Le mouvement total du nœud, pendant cette période, serait donc de 29 minutes, ce qui s'accorde presque exactement avec la détermination de son moyen mouvement d'après l'observation faite par le professeur

Newton dans son mémoire sur les pluies d'étoiles de novembre, inséré dans les numéros 111 et 112 du *Journal américain des sciences et arts*.

Cela paraît, dit M. Adams, mettre hors de doute l'exactitude de la période de 33,25 années.

La seconde communication est écrite de Breslau, par M. Galle, et a pour objet l'identification des essaims d'avril et de la comète I, 1861.

Les différents résultats obtenus précédemment ont conduit cet astronome à un calcul de même nature sur la première comète de 1861, qui dans son nœud descendant se rapproche de l'orbite de la Terre jusqu'à la très-petite distance de 0.0022.

Le nœud correspond au 20 avril, jour marqué par une grande abondance d'étoiles filantes. En calculant, d'après les éléments elliptiques de cette comète, extraits par M. Oppolzer de l'ensemble des observations, le point apparent de radiation de la *comète*, au moment du passage au nœud, M. Galle a trouvé :

Longitude 267°2; latitude + 57°0.

Les observations des météores d'avril ayant donné en 1864, pour le point de radiation, l'ascension droite 277° 5, la déclinaison + 34° 6, ou bien :

Longitude 281°6; latitude + 57°8,

ces résultats s'accordent seulement à 7 degrés près en arc de grand cercle.

Si l'on compare les déterminations de plusieurs observateurs et d'années différentes (aussi pour les phénomènes d'août et de novembre), une pareille différence paraît admissible. « Cependant, dit M. Galle, il serait difficile d'établir l'identité de l'orbite météorique et de l'orbite cométaire, dans ce cas, avec une certitude pareille à celle des météores de novembre, et le but principal de ma communication serait atteint si l'attention des observateurs pouvait être dirigée de nouveau à l'époque météorique du 20 avril, pour obtenir une détermination du point de radiation, encore plus certaine, si cela est possible. »

Voici le résultat du calcul inverse de la détermination de l'orbite météorique, en partant du point de radiation observé et de la vitesse tirée de l'orbite cométaire. Cet accord ne sera pas complet, puisque la durée de la révolution est purement hypothétique et le point de radiation incertain jusqu'à 5 ou 10 degrés.

	Météores du 20 avril.	Comète I, 1861.
Log. a (supposé)..........	1,746	1,746
q..................	9,980	9,964
e..................	0,9826	9,835
π	236°	243°
Ω..................	30	30
i..................	89	80

Mouvement direct.

On voit que la nouvelle théorie a des droits incontestables au titre de découverte, et que les faits du même ordre viennent de différentes parts s'associer à elle et la confirmer.

On se souvient que dans notre premier volume nous avons signalé à propos de nébuleuses l'hypothèse d'un professeur américain sur l'âge relatif des planètes. Voici maintenant un rapport établi entre les météores cosmiques et la formation de la terre.

La *Revue d'Edimbourg* nous apporte, sur les étoiles filantes, des considérations fort ingénieuses que nous nous faisons un devoir de traduire à nos lecteurs, et qui termineront dignement l'histoire de la grande pluie d'étoiles filantes, décorée, comme on l'a vu, par certains astronomes, du surnom de feu d'artifice.

Parmi le grand nombre d'aérolithes authentiques conservés dans les collections minéralogiques, deux seulement — l'un du 10 août et l'autre du 13 novembre — sont tombés aux dates des étoiles filantes. D'un autre côté, cinq ou six météorites, à l'époque du 13-14 octobre, appartiennent à une date où les étoiles filantes, autant qu'on s'en souvienne, n'ont pas eu d'apparitions. Les météorites, au surplus, sauf de très-rares exceptions, tombent après midi ; tandis que le moment du maximum des étoiles filantes se trouve aux heures du matin, avant l'aube. Ces faits établissent une certaine distinction entre les étoiles filantes et les aérolithes ; les premières sont appelées « météorides » par le professeur Newton, tandis que le professeur Brogley renferme tous les corps qui deviendraient étoiles filantes ou aérolithes sous la désignation commune de « masses météoriques. » Les météorides, d'après le professeur Newton, ne peuvent pas être regardés comme des fragments de mondes, mais doivent plutôt être décrits comme les matériaux par lesquels de nouveaux mondes peuvent être formés. M. Brogley incline de même à supposer que « la Terre fut originairement produite par l'agrégation et la réunion de météorites ou de masses plus importantes formées par la réunion préalable de ceux-ci — the earth was originally produced by the aggregation and coalescence of meteorites, or of greater masses into which these had previously coalesced. » Les étoiles filantes et les aérolithes seraient de la sorte graduellement consolidés en plus vastes corps par la collision ; rien toutefois n'autorise à croire que les météores du 14 novembre se précipitent eux-mêmes sous la forme de pierre à la surface de la Terre. En raison de leur nature inflammable et de leur légèreté spécifique, leur pouvoir de pénétration dans l'atmosphère paraît être extrêmement faible, nonobstant leur grandeur et leur clarté inaccoutumées. Plus de 70 météores de la pluie de novembre, observés à Newhaven et en d'autres points des États-Unis d'Amérique en 1863, furent observés surpassant de 15 milles le niveau des étoiles filantes ordinaires. Ce résultat amène à croire que les étoiles filantes du 14 novembre sont formées de substances plus inflammables que celles des autres ondées météoriques. On ne doit donc concevoir aucune appréhension que l'atmosphère ne soit pas capable, dans le cas du retour d'une chute analogue, d'empêcher leur pénétration et de les arrêter à une distance respectable de la sphère des habitations humaines.

Cette théorie, qui représente la Terre comme une agrégation de bolides, est certes fort contestable, et ne pourrait, dans tous les cas, s'accorder avec les faits géologiques qu'en supposant que l'agrégation *complète* aurait eu lieu *avant* l'époque primaire et au temps de la fluidité primitive.

IV.

ANALYSE SPECTRALE DE LA LUMIÈRE DES ASTRES.

Qu'est-ce que la lumière?

A côté de ce grand mot *Lumière*, comme à côté des expressions qui représentent pour nous les lois générales et les phénomènes permanents de la nature, il y a certain point d'interrogation que nul esprit humain n'a pu effacer encore. Puisqu'il faut le dire, avouons-le candidement, la tendance instinctive de notre esprit nous porte à vouloir expliquer tout et à inventer l'explication quand elle nous manque. Lorsqu'elle nous fait défaut, nous nous payons d'un mot qui la remplace; ce mot ne signifierait-il rien par lui-même, peu nous importe : il nous le faut. La mécanique céleste montrant qu'une force agit constamment entre les astres et les gouverne dans l'espace suivant certaines lois, nous avons appelé cette force *attraction*, c'est-à-dire que nous avons exprimé par un mot l'apparence que cette forme revêt pour nos esprits, mais il est clair que ce mot ne renferme pas plus d'explication que s'il n'existait pas. De même, voit-on se produire les phénomènes de la lumière, de la chaleur, de l'électricité? Aussitôt voici des fluides inventés pour l'explication desdits phénomènes, entités qui, sans contredit, expliquent tout, puisqu'en les créant par les besoins qu'on en a, on leur donne toutes les propriétés nécessaires pour satisfaire à ces besoins. Si l'on avait soin de toujours avoir devant l'esprit la valeur purement provisoire des hypothèses, et de ne pas à la longue prendre des mots pour des réalités, on ne courrait pas risque de se fausser l'idée sur bien des choses. L'hypothèse ne doit être qu'un auxiliaire destiné à rendre compte des faits, et soumis lui-même à recevoir plus tard la justification ou le discrédit qui pourra résulter d'une expérimentation ultérieure.

Il était nécessaire de faire ces réflexions en ouvrant notre sujet, afin d'établir tout d'abord que la définition suivante, la plus généralement admise : « la lumière est un mouvement ondulatoire excité au sein des corps lumineux et transmis par un milieu appelé éther, » n'est qu'une manière d'exprimer la cause possible des phénomènes optiques, et que cette hypothèse, malgré la facilité avec laquelle elle se plie à l'explication des faits, n'est cependant qu'une théorie peut-être superficielle et incomplète et qui ne sert qu'à couvrir les apparences. « La lumière, dit Arago, est *ce quelque chose*, matière ou mouvement, qui nous fait voir les objets extérieurs. » Cette définition rappelle celle de la grâce par Voltaire : « La grâce, disait celui-ci, a reçu bien des définitions, suivant qu'elle est *suffisante*, *actuelle*, *personnelle*, etc.; mais la meilleure est celle du jésuite Bouhours, qui disait que c'est *un je ne sais quoi* dont il plaît à Dieu de nous favoriser. »

Nous admettons maintenant sans autre difficulté la théorie des ondulations. Pour donner un exemple de la manière dont la lumière se propage, nous rappellerons les ondulations qui se succèdent dans l'air lorsqu'une lame de métal fixée par un de ses bouts et mise en vibration ébranle les molécules d'air qui l'environnent. Les ondes qui se propagent sphériquement dans l'air, dont se rapprochent celles qui se propagent à la surface d'une nappe d'eau dans laquelle on jette une pierre, produisent à nos oreilles la sensation du son lorsqu'elles frappent notre tympan. Celles qui transmettent la lumière sont incomparablement plus rapides : elles parcourent 77,000 lieues par seconde. Ainsi, un boulet qui marcherait avec la vitesse du son, laquelle ne diffère pas beaucoup de celle du boulet à sa sortie du canon, emploierait quinze ans à nous venir du Soleil, tandis que la lumière de cet astre nous arrive en 8 minutes 13 secondes.

La lumière se propage toujours en ligne droite, et les vibrations lumineuses dont nous venons de parler sont en même temps calorifiques ; nous verrons bientôt qu'il y a des vibrations calorifiques invisibles, dont on analyse chimiquement l'intensité, mais qui n'agissent plus sur les nerfs de notre œil. Les vibrations de la lumière se distinguent les unes des autres suivant qu'elles se rapportent à des couleurs plus ou moins vives ; elles n'ont pas le même degré de vitesse, et ces différences suivent une décroissance à partir de certains points du *spectre*, dont nous allons parler, jusqu'aux limites de la visibilité, nous pourrions presque dire, sans métaphore, jusqu'aux couleurs invisibles.

Le *Spectre*, mot terrible dont le suaire cache un charmant fantôme, et que nous allons découvrir pour contempler en lui la source brillante du monde des couleurs. Supposons-nous par une belle journée de soleil, enfermés dans une chambre bien close (la supposition n'est pas naturelle, mais elle est indispensable) ; nos volets sont fermés et le plus petit rayon de soleil ne saurait pénétrer. Si dans le volet d'une fenêtre exposée au soleil nous pratiquons une petite ouverture circulaire, un rayon de lumière entrera immédiatement par cette petite ouverture, et nous le verrons dessiner sa route dans l'air en ligne droite, pour peu qu'il y ait dans notre chambre des corpuscules de poussière flottante. Si nul obstacle ne l'arrête, ce rayon viendra s'abattre sur le mur opposé à la fenêtre ou sur le plancher, y dessinant un petit cercle blanc. Mais si à une certaine distance de l'ouverture du volet nous plaçons sur le trajet du faisceau lumineux un *prisme* de verre, la lumière sera réfractée par ce prisme, se décomposera, et en la recevant sur un écran on aura, au lieu d'un cercle blanc, une image oblongue vivement colorée des nuances de l'arc-en-ciel. Cette dispersion de la lumière est visible dès sa sortie du prisme ; le faisceau divergent se compose en réalité d'une infinité de teintes, mais on en distingue principalement sept disposées dans l'ordre indiqué par ce vers alexandrin si connu :

Violet, indigo, bleu, vert, jaune, orangé, rouge.

Tel est, dans toute sa simplicité, le *Spectre solaire*, trouvé par Newton, l'un des fondateurs de l'optique moderne. Les sept couleurs n'occupent pas toutes la même étendue ; c'est le violet qui est le plus large et l'orangé qui l'est le moins. Chacune des nuances est simple et inaltérable ; c'est une individualité isolée venant prendre sa place en un lieu précis. On le démontre en faisant passer chacune isolément à travers un second prisme : elle ne subit aucune décomposition et reste identiquement la même.

La cause de la décomposition de la lumière blanche à travers un prisme est due à l'*inégale réfrangibilité* des rayons lumineux. Les rayons rouges sont moins réfrangibles que les jaunes, ceux-ci moins que les bleus, ceux-ci moins que les violets : de là résulte l'inégale déviation qui d'un seul faisceau forme une banderole de couleurs. On se représentera facilement en quoi consiste cette réfrangibilité ou cette réfraction des rayons lumineux passant par une masse de verre, si l'on songe que ces rayons sont toujours détournés de leur marche en ligne droite lorsqu'ils passent d'un certain milieu dans un milieu d'une densité différente. Chacun a pu remarquer qu'un bâton plongé dans l'eau paraît dévié au niveau du liquide et s'incline en coude sous la surface. C'est ce qui arrive pour le rayon lumineux qui passe à travers un prisme.

Nous avons dit en commençant que les sensations de lumière ont pour cause les vibrations extrêmement rapides du milieu éthéré; or chaque couleur a ses vibrations particulières, tant au point de vue de la longueur de ces vibrations qu'au point de vue de leur rapidité. Ainsi, par exemple, les rayons rouges ont des longueurs d'ondulations égales à 500 *millionièmes* de millimètre, et donnent 620 milliards de vibrations par seconde; le bleu correspond à 650 milliards de vibrations par seconde et à 470 millionièmes de millimètre par ses ondes. La longueur des ondes pour les rayons chimiques ultrà-violets ne mesure plus que 300 millionièmes de millimètre (l'épaisseur d'un cheveu fin en cacherait encore plus de 300); les mêmes rayons donnent 900 milliards, ci : **900 000 000 000** de vibrations dans l'espace d'une seconde, on dirait presque en un clin d'œil.

De la décomposition de la lumière par le prisme, Newton inféra que la lumière blanche de notre soleil est composée de toutes les nuances possibles réunies dans un certain rapport. Cette déduction résulte aussi de l'expérimentation directe. Si à l'aide d'une lentille on réunit les diverses nuances du spectre, on reconstitue un cercle blanc; si l'on tourne rapidement un disque sur lequel sont peintes les sept couleurs du prisme, le disque paraîtra blanc. Le groupe de deux couleurs nommées pour cela *complémentaires* reproduit aussi le blanc primitif : ainsi le rouge et le vert, l'orangé et le bleu, le jaune et le violet; mais sur la palette le mélange de ces couleurs ne saurait produire le blanc, attendu que ce mélange donne lieu à un nouvel agencement moléculaire qui modifie entièrement les phénomènes optiques des couleurs simples.

En réalité, les sept couleurs indiquées plus haut sont autant de types fondamentaux dont les autres nuances se rapprochent plus ou moins; mais ce ne sont pas les seules nuances existantes, car le nombre des nuances de la lumière paraît infini, et dans le spectre même elles se fondent l'une dans l'autre par une harmonieuse transition. Si même on a distingué l'indigo entre le bleu et le violet, ce n'est point là, à vrai dire, un type, mais bien plutôt une création des amateurs d'analogies qui voulaient retrouver partout le divin nombre VII.

Nous avons vu que les vibrations les plus longues et les plus lentes ont lieu au-delà du rouge extrême ; c'est la région de la chaleur obscure. On reconnaît à l'aide des thermomètres que le maximum de chaleur des rayons solaires se trouve dans cette partie du spectre. Les vibrations les moins rapides sont donc celles qui agissent le plus facilement sur les corps et les échauffent. Les vibrations moyennes sont celles qui excitent le plus vivement le sens de la vue, comme on le reconnaît par la portion jaune du spectre, qui est la plus brillante et à partir de laquelle l'intensité décroît des deux côtés. Les vibrations enfin qui sont les plus rapides et les plus courtes n'agissent plus que chimiquement, sur des corps inorganiques, ou même organiques, préparés à les recevoir.—On voit que les forces lumineuses, calorifiques, chimiques contenues dans un rayon solaire sont déployées en front de bataille dans le spectre, suivant la valeur réciproque de leur position dans les ailes ou au centre. Nous allons reconnaître maintenant, dans cette même ligne stratégique, des forces nouvelles non moins remarquables.

Frauenhofer, opticien bavarois, étudiait avec soin le spectre solaire et cherchait à découvrir en lui quelques points fixes qui fussent indépendants de la nature des prismes, et qui pussent être regardés comme points de repère auxquels on pourrait rapporter les zones et les couleurs du spectre, lorsqu'il s'aperçut qu'en donnant au prisme certaine position spéciale, on voyait brusquement apparaître dans l'image spectrale des *raies obscures* coupant transversalement la banderole aux sept couleurs. C'était vers 1815. Or en 1802, — coïncidence assez fréquente dans l'histoire des sciences, — Wollaston avait fait, de son côté, la même découverte. Ces deux savants s'occupaient, chacun pour leur part, d'une étude nouvelle qui plus tard devait créer une nouvelle branche de la science : celle de la chimie céleste.

Frauenhofer chercha tout d'abord si la production et la disposition de ces raies était due à quelque loi, et ne trouva rien. Il eut alors l'idée de choisir parmi ces stries nombreuses qui divisaient le spectre les lignes les plus visibles et les plus nettes, afin de les prendre pour point de départ des recherches qu'il se proposait de faire dans ce nouveau genre d'études. Il prit les huit principales et les désigna par les huit premières lettres de l'alphabet; elles sont distribuées comme il suit : la première à la limite du rouge, la deuxième au milieu de cette couleur, la troisième auprès de l'orangé, la quatrième à la fin de cette nuance, la cinquième dans le vert, la sixième dans le bleu, la septième dans l'indigo, la huitième à la fin du violet. Ce sont là les lignes noires principales que l'on distingue dans le spectre ; quant au nombre total de ces lignes, il paraît prodigieux; Frauenhofer en avait déjà compté 600 avec une lunette grossissante : plus tard, sir David Brewster porta ce nombre à 2000; aujourd'hui, nous en comptons 3000 et plus.

Chacun peut se rendre compte de l'existence de ces stries; mais il faut pour cela s'entourer de grandes précautions. Voici un moyen facile : recevoir sur un miroir les rayons du soleil et les renvoyer dans une pièce obscure au moyen d'une fente large de 1 millimètre ; à 3 mètres de la fente, placer son prisme transversalement et le faire tourner jusqu'à ce que les stries apparaissent nettement dans le prisme. Comme pour les lentilles, chacun ici a son point particulier de vision. Il est bon de remarquer que pour apercevoir les raies du violet il faut un jour excellent et rapprocher l'œil du sommet du prisme, tandis que pour les lignes situées dans les autres couleurs, un jour moins vif est préférable, et l'on doit regarder de plus bas. Ce sont là des détails que l'on remarque dès le commencement de la pratique.

On conçoit que cette méthode fort simple mais peu minutieuse n'est pas la méthode employée dans les recherches scientifiques. Wollaston, cependant, se borna d'abord à observer directement le spectre de la source lumineuse en plaçant convenablement l'œil près du prisme lui-même. Frauenhofer compliqua cette disposition en armant l'œil d'une lunette située derrière le prisme et dirigée sur l'image prismatique ; en grossissant ainsi les détails du spectre, il lui fut possible de pousser plus loin ses recherches. De plus, la lumière émise par la source était transmise au prisme au travers d'un tube garni d'une lentille.

Ces raies du spectre solaire sont constantes et invariables toutes les fois que le spectre qu'on étudie est celui d'une lumière émanée du Soleil, quelle que soit d'ailleurs cette lumière. On les retrouve dans la lumière du jour, dans celle des nuages et dans l'éclat réfléchi par les montagnes, les édifices et tous les objets terrestres. On les retrouve de même dans la lumière de la Lune et dans celle des planètes, corps célestes qui, comme on sait, ne brillent que par la lumière qu'ils reçoivent du Soleil et qu'ils réfléchissent dans l'espace.

Signalons en passant, et pour ne pas laisser de lacune, qu'il y a dans le spectre d'autres raies qui dépendent de causes locales dans l'établissement du prisme, ou de causes terrestres, comme l'état de l'atmosphère, les saisons et les diverses heures du jour, les orages, etc., et que ces raies inconstantes et passagères, bien déterminées et nommées raies atmosphériques ou telluriques, n'affectent en rien la nature des lignes signalées plus haut.

Que les spectres des planètes soient au fond semblables au spectre du Soleil, c'est ce que l'on pouvait prévoir, puisque leur lumière n'est autre que celle du Soleil lui-même revenant sur ses pas. Par contre, on pouvait penser que très-probablement les spectres des étoiles différeraient du précédent, attendu que la lumière de ces soleils lointains est complétement indépendante de celle de notre astre du jour. C'est effectivement ce que l'on a constaté. Chacune des étoiles présente, dans son image irisée, un nombre particulier de raies, distribuées suivant un ordre particulier. Pour en citer quelques exemples, le spectre de Sirius ne présente pas de raies dans le jaune et l'orangé, mais deux dans le bleu et une très-marquée dans le vert : aucune de ces trois lignes n'a son analogue dans le Soleil. Le spectre de Castor ne diffère pas essentiellement de celui de Sirius. On a de même étudié les images spectra de Pollux, de la Chèvre, de Procyon, etc. Mais voici en quoi consiste réellement la valeur analytique de ces déterminations.

Deux physiciens de l'université d'Heidelberg, MM. Kirchhoff et Bunsen, avaient reconnu par l'expérience la vérité du principe suivant : Le spectre de toute source lumineuse artificielle présente dans la distribution de ses raies (brillantes et obscures) un ordre invariable, offrant un caractère précis pour distinguer cette source d'avec toute autre. Dès lors ils firent passer à l'état d'ignition un certain nombre de substances destinées à être chimiquement comparées, et comparèrent leurs spectres. Une nouvelle loi chimique se révèle d'elle-même : *Tout élément mis en suspension dans une flamme coordonne les raies de son spectre suivant une distribution qui lui est propre.*

Quelle que soit la ténuité du corps chimique que l'on analyse, ne serait-ce qu'un fragment invisible et impondérable, le foyer prismatique en révèle l'existence. Soit un milligramme de soude, un milligramme, c'est fort peu de chose ; partageons ce milligramme en un million de parties : ce millionième de milligramme, dont la pensée même ne saurait entrevoir la ténuité, fera preuve d'existence en peignant, par l'arrangement des lignes lumineuses, la figure qui lui appartient.

Mais non-seulement l'image d'un corps isolé se fait reconnaître sans difficulté, ce corps entrerait-il dans une combinaison, à un titre presque insignifiant, on peut parvenir à démêler les spectres des différents corps, spectres rassemblés mais non confondus, et reconstruire physiquement la présence et la quantité de chacun des sels tenus en suspension dans le mélange. L'analyse spectrale révèle des traces d'une substance donnée là où tous les autres procédés de la chimie sont impuissants. Elle a déjà conduit à la découverte d'éléments inconnus, restés inaperçus jusqu'à ce que l'on eût en main cette nouvelle science : tels sont les métaux *césium, rubidium* et *thallium*.

Du jour où l'inspection de l'image spectrale d'une source lumineuse quelconque put révéler à l'observateur la présence des éléments en ignition dans cette source, la première question de la chimie céleste était résolue, et le domaine de cette nouvelle science nous était ouvert. Quelle est la cause des raies du spectre solaire? C'est la question que Frauenhofer s'était posée mais n'avait pu résoudre, et qui, d'après les travaux de MM. Balfour-Stewart, Foucault, Miller, Huggins et Kirchhoff, se trouvait posséder ses principaux éléments de solution. C'est à ce dernier observateur surtout que l'on doit les recherches fondamentales sur la constitution du Soleil d'après l'analyse de son spectre.

Nous n'entrerons pas dans les détails techniques relatifs aux différentes catégories de raies spectrales, et aux procédés employés pour reconnaître qu'en certains cas des raies de catégories différentes ne sont que les mêmes lignes interverties ; mais nous dirons que par la comparaison attentive et minutieuse des spectres de tous les métaux avec le spectre solaire, M. Kirchhoff parvint à déterminer les substances qui se trouvent dans cet astre et celles qui lui font défaut. Il fut ainsi constaté et démontré que le Soleil renferme le fer, la magnésie, la soude, la potasse, la chaux, le chrôme, mais qu'il ne renferme pas d'or, d'argent, de cuivre, de zinc, de plomb ni d'antimoine.

Nous avons déjà vu (t. I) quels résultats l'analyse spectrale a apportés dans la connaissance de la constitution physique du Soleil et dans la théorie de sa nature. Nous avons maintenant à nous entretenir de travaux plus récents qui ont eu pour objet les autres corps célestes, planètes, étoiles, nébuleuses.

C'est en Angleterre que ces observations délicates ont commencé. Voici en quels termes le Dr Phipson, de Londres, les annonça le 1er octobre 1864 :

« MM. Miller et Huggins s'occupent depuis quelque temps de la détermination des spectres des planètes et des étoiles. On sait que le docteur Miller a déjà publié plusieurs mémoires intéressants sur les spectres des corps, mémoires qui datent de l'année 1835 environ. Pour obtenir les spectres des planètes, les auteurs ont essayé de les comparer avec celui du Soleil ; cette méthode ayant été trouvée trop difficile, on s'est contenté de comparer le spectre d'une planète quelconque à celui de la lumière du ciel. On voulait ainsi déterminer si la lumière du Soleil, après avoir été réfléchie à la surface planétaire et après avoir passé nécessairement à travers l'atmosphère de cette planète, donnerait dans le spectroscope quelques-unes de ces lignes d'absorption qui se font remarquer dans le spectre solaire lorsque la lumière a passé à travers une certaine épaisseur de notre atmosphère terrestre. On a trouvé que tel est en effet le cas, et que l'atmosphère de Jupiter donne lieu à une certaine ligne d'absorption d'une manière beaucoup plus marquée que ne le fait l'atmosphère de notre Terre; tandis que la couleur de la lumière de Mars est également due à une absorption exercée par *quelque chose* dans la planète et dans son atmosphère. On a trouvé aussi des effets d'absorption dans les spectres de certaines étoiles doubles diversement colorées. Enfin M. Huggins seul a porté son observation sur *le spectre des nébuleuses planétaires*. Contrairement à ce qu'on avait supposé, ces nébuleuses donnent un spectre assez distinct et fort curieux : *Ce spectre n'est pas continu comme s'il était produit par des corps solides, mais il présente seulement quelques raies brillantes, telles que nous en observons dans les gaz fortement échauffés.* — Ces lignes brillantes sont en fort petit nombre, et *une nébuleuse particulière ne s'est montrée composée que d'hydrogène et d'azote.* — Ce mémoire n'a été présenté à l'Association britannique qu'en résumé; le travail complet doit paraître dans les *Transactions philosophiques*. — Il paraît que les auteurs ont été portés à faire leurs observations sur les planètes après avoir lu l'ouvrage de M. Flammarion, notre collaborateur au *Cosmos*, sur la *Pluralité des mondes habités*, et qu'ils ont l'intention de les continuer au moyen d'appareils perfectionnés. Le mémoire présenté par ces savants physiciens à l'Association britannique pour l'avancement des sciences offre un intérêt remarquable, tant en ce qui concerne les planètes qu'en ce qui a rapport aux nébuleuses. Les résultats obtenus peuvent être divisés en trois classes : les spectres des planètes, ceux des étoiles doubles et ceux des nébuleuses.

«Le télescope qui servit aux recherches sur les spectres planétaires a huit pouces de diamètre et dix pieds de distance focale. Au moyen d'une lentille cylindrique, on a transformé le point lumineux donné par la planète en une petite ligne mince qui, à son tour, se résolut en une image spectrale, en passant à travers un prisme. Chacun sait que, dans les cas ordinaires, on peut facilement superposer deux images spectrales et les comparer entre elles, lorsqu'elles se trouvent ainsi l'une sur l'autre; mais lorsqu'il s'agit de comparer au spectre solaire le spectre d'une planète, cela devient plus difficile, attendu que ce dernier ne peut être analysé que pendant la nuit, et le premier pendant le jour. Les observateurs tranchèrent la difficulté en prenant un spectre intermédiaire : celui de la lumière atmosphérique après le coucher du soleil et en lui comparant le spectre de la planète dès sa première visibilité au déclin du jour. »

C'est par ce moyen que l'on put comparer les lignes du spectre donné par Jupiter aux lignes de Frauenhofer. D'après les observations antérieures, on avait généralement admis, et l'on avait lieu de croire, en effet, que les images spectrales des planètes correspondent avec celles de la Lune et des autres corps illuminés par le Soleil; mais voici que des expériences plus décisives ont montré dans la constitution et dans la composition de l'atmosphère des planètes de nouvelles lignes indicatives de substances étrangères à celles que représente le spectre solaire. Faut-il admettre de suite qu'il y ait là, en effet, de nouvelles substances? Il est plus prudent d'agir avec lenteur et de bien sonder le terrain avant de rien décider. En effet, il n'est pas si facile qu'on pourrait le croire de bien définir le spectre vrai d'une planète. La lumière que nous envoient ces astres provient d'un disque, une partie seulement passe par le spectroscope, et l'image est extrêmement faible, tandis que pour une étoile la lumière vient d'un point étincelant et arrive tout entière au foyer.

En comparant au spectre solaire les lignes de ce nouveau spectre de Jupiter, on voit deux lignes nouvelles et remarquables. L'une se trouve à peu près au milieu du chemin, entre les lignes C et D ; elle est beaucoup plus intense dans le spectre de la planète que dans le spectre solaire. L'autre, au-delà de D, est plus faible dans le spectre de Jupiter que dans le spectre de l'atmosphère. Maintenant, il faut remarquer que la lumière qui nous vient de Jupiter, quoique originairement semblable à celle que la Terre reçoit, ne peut parvenir à notre œil qu'après avoir passé deux fois par l'atmosphère de Jupiter et une fois par le nôtre, ce qui fait que l'influence d'absorption qui réside dans ces atmosphères doit être considérable. D'un autre côté, la lumière réfléchie par le ciel lorsque le soleil vient de descendre au-dessous de l'horizon, ayant à traverser les couches basses de l'atmosphère, subira nécessairement une absorption plus grande que celle qui nous vient de la planète, celle-ci se trouvant à une certaine hauteur dans le ciel. Il ne faut pas oublier de tenir compte de ces diverses circonstances.

Il résulte également de l'inspection du spectre de Jupiter que les lignes qui représentent les composés d'oxygène et de nitrogène dénotent de plus grandes proportions de ces substances dans l'atmosphère de

Jupiter que dans l'atmosphère de la Terre. L'atmosphère de Mars absorbe certaines raies à l'extrémité du bleu de l'image spectrale, et cette absorption offre un caractère particulier; leur perte n'est pas due simplement à la diminution de la lumière, mais semble prouver l'existence d'un gaz absorptif inconnu à la Terre.

Nous avons vu au commencement de ce volume qu'il existe un certain nombre d'étoiles doubles diversement colorées ; les unes offrent la couleur de l'orange, d'autres paraissent bleues, d'autres pourpres, d'autres vertes, etc. Il est extrêmement difficile de les examiner l'une à côté de l'autre dans le spectroscope, à cause de leur différence de grandeur et de lumière. Il arrive aussi que par suite de leur grande proximité, l'instrument, exposé à être dérangé, met facilement l'une ou l'autre de ces étoiles hors du champ de la vision. Malgré ces difficultés, les observateurs ont étudié certaines étoiles doubles. Dans leur nombre, nous citerons α d'Hercule et β du Cygne, où les lignes spectrales affirment la différence réelle des couleurs observées.

L'étude des spectres des nébuleuses offre des résultats remarquables, malgré la difficulté qu'il y a à observer des spectres aussi faibles. M. Huggins a étudié six nébuleuses planétaires, et un nombre égal de nébuleuses présentant un centre lumineux plus ou moins intense. Dans quelle condition se trouve la matière nébuleuse? Telle est la question qui se renouvelle à l'aspect de ces recherches. Est-ce une substance gazeuse, cosmique, occupant une étendue immense, et lumineuse par elle-même ? est-ce au contraire une agglomération de soleils lointains, que leur distance confond pour nos yeux en une masse diffuse? Nous avouons que nous avons toujours penché pour la dernière hypothèse. Cependant nous n'enregistrons pas avec moins d'intérêt les résultats obtenus par les savants observateurs dont nous parlons, quoique ces résultats tendent en faveur de la première. Les observations de M. Huggins semblent, en effet, montrer que dans certaines nébuleuses il n'y a pas de matière solide. Quelques-uns de ces corps enregistrés par Herschel restent uniformes dans leur illumination, et quelques-uns du catalogue de lord Rosse ne se laissent pas résoudre davantage. Mais est-ce une raison pour prononcer? Les trois quarts des nébuleuses considérées d'abord comme des nuages cosmiques sont actuellement résolues en amas d'étoiles.

Parmi les nébuleuses analysées, nous citerons 37 H du Dragon. On remarque dans son spectre une ligne très-brillante entre *b* et F, environ à un tiers de la distance à partir de *b*, qui correspond à la ligne brillante du spectre de l'azote, et auprès de F, une autre ligne, celle du baryum. Il y a aussi une autre ligne plus faible, près de F, très-probablement due à l'hydrogène. Ces résultats ne démontrent pas encore, cependant, que ladite nébuleuse ne soit qu'une atmosphère immense, composée de ces divers gaz. Herschel a établi qu'une nébuleuse planétaire moyenne, en supposant sa distance égale à celle de la 61e du Cygne, remplirait un espace dont le diamètre serait égal à sept fois celui de l'orbite de Neptune. Les savants observateurs n'ont rien trouvé dans la lumière de ces nébuleuses qui indique, comme dans le cas du Soleil, un globe solide lumineux derrière la photosphère brillante, et leur lumière leur a présenté les caractères qui appartiennent à la luminosité des gaz.

La science du ciel sera redevable à MM. Miller et Huggins d'une brillante partie des progrès qu'elle est en voie d'accomplir ; on ne peut qu'admirer la persévérance avec laquelle ces observateurs consciencieux traversent les obstacles, et l'habileté avec laquelle ils triomphent des difficultés si nombreuses qui entravent la pratique.

Nos lecteurs seront sans doute intéressés à connaître les méthodes d'observations auxquelles nous devons les merveilleux résultats de l'analyse spectrale. Peut-être, comme tous ceux qui épousent avec ardeur une théorie trop aimée, les savants anglais dont nous exposons ici les travaux ne lui trouvent-ils aucun défaut et comptent-ils avec un peu trop de complaisance sur les résultats qu'elle leur promet ; peut-être l'écoutent-ils avec trop peu de liberté et reçoivent-ils avec une confiance prématurée la solution des problèmes qu'elle leur propose. Mais en mettant quelque réserve dans ses jugements, l'observateur peut enregistrer sans crainte les résultats directs de l'étude expérimentale. On peut accepter les faits sans en tirer pour cela des conclusions absolues.

Les observateurs dont nous parlons basent sur les principes suivants leur interprétation des phénomènes observés dans les pectre des corps célestes. Trois ordres sont à distinguer :

1° Un spectre continu, non coupé par des lignes brillantes ou sombres, indique que la lumière n'a subi lumineux derrière la photosphère brillante, et leur lumière leur a présenté les caractères qui appartiennent à la luminosité des gaz.

La science du ciel sera redevable à MM. Miller et Huggins d'une brillante partie des progrès qu'elle est en voie d'accomplir ; on ne peut qu'admirer la persévérance avec laquelle ces observateurs consciencieux traversent les obstacles, et l'habileté avec laquelle ils triomphent des difficultés si nombreuses qui entravent la pratique.

Nos lecteurs seront sans doute intéressés à connaître les méthodes d'observations auxquelles nous devons les merveilleux résultats de l'analyse spectrale. Peut-être, comme tous ceux qui épousent avec ardeur une théorie trop aimée, les savants anglais dont nous exposons ici les travaux ne lui trouvent-ils aucun défaut et comptent-ils avec un peu trop de complaisance sur les résultats qu'elle leur promet ; peut-être l'écoutent-ils avec trop peu de liberté et reçoivent-ils avec une confiance prématurée la solution des problèmes qu'elle leur propose. Mais en mettant quelque réserve dans ses jugements, l'observateur peut enregistrer sans crainte les résultats directs de l'étude expérimentale. On peut accepter les faits sans en tirer pour cela des conclusions absolues.

Les observateurs dont nous parlons basent sur les principes suivants leur interprétation des phénomènes observés dans les pectre des corps célestes. Trois ordres sont à distinguer :

1° Un spectre continu, non coupé par des lignes brillantes ou sombres, indique que la lumière n'a subi

Les professeurs ont comparé les spectres des étoiles avec ceux de plusieurs substances terrestres, et ces comparaisons ont été faites par la méthode de l'observation simultanée, excellente méthode.

L'appareil est adapté à l'oculaire d'une lunette achromatique de 8 pouces d'ouverture. La lunette est montée sur un pied équatorial, et suit dans son cours l'étoile vers laquelle elle est pointée, par le moyen d'un mouvement d'horlogerie.

Le point lumineux que forme l'étoile au foyer de l'objectif est allongé dans une seule direction par une lentille cylindrique. La petite ligne de lumière tombe sur une fente étroite, et les rayons divergents sont rendus parallèles par une lentille achromatique Ils sont alors réfractés par deux prismes de flintglass dense, à 60°. On examine le spectre à l'aide d'une petite lunette achromatique, qui marche sur une vis micrométrique. Par ce moyen, l'observateur peut mesurer avec une grande précision la position des lignes stellaires relativement à celles du spectre solaire.

On tire les spectres de comparaison de l'étincelle d'une bobine d'induction prise entre des électrodes de divers métaux. Quelquefois on a employé un fil de platine entouré d'un coton imbibé de la substance requise. La lumière de l'étincelle est réfléchie par un petit miroir mobile sur un prisme réflecteur couvrant la moitié de la fente. Par cet arrangement, le spectre de l'étoile et le spectre du métal de comparaison sont vus en juxtaposition, et la coïncidence ou la position relative d'une ligne sombre dans le spectre stellaire avec une ligne brillante dans le spectre métallique peut être déterminée avec une très-grande précision. Ces comparaisons sont d'ure grande délicatesse.

Voici le résultat des observations faites sur la lune et sur les planètes.

Certaines régions particulières de la surface de la *Lune* ont été examinées sous des conditions variées d'illumination. On n'a découvert aucune modification sensible de la lumière solaire qui puisse indiquer l'existence d'une atmosphère lunaire d'une étendue importante. Le mode de disparition du spectre d'une étoile, lorsqu'elle est occultée par la Lune, est négatif, quant à l'existence d'une atmosphère autour de cet astre.

Dans *Jupiter*, plusieurs lignes du spectre indiquent une absorption puissante par l'atmosphère de cette planète. Elles furent comparées avec celle de notre atmosphère. L'air de Jupiter renferme quelques-uns des gaz ou des vapeurs constitutives de l'air terrestre ; mais la substance générale n'est pas identique.

Les observations de la planète *Saturne* sont moins affirmatives, à cause de la faiblesse de sa lumière. Un certain nombre de lignes produites par son atmosphère paraissent identiques avec celles que l'on voit dans l'image spectrale de Jupiter.

Dans *Mars*, on ne retrouve plus les lignes caractéristiques des atmosphères de Jupiter et de Saturne. On distingue des groupes de lignes dans la partie bleue du spectre, et celle-ci, en causant la prédominance des rayons rouges, peut être la cause de la couleur rouge qui distingue la lumière de cette planète.

Toutes les fortes lignes du spectre solaire sont visibles dans la brillante lumière de *Vénus*, mais aucune raie additionnelle n'indique une action absorptive de l'atmosphère de la planète.

Dans le cas général de l'examen des planètes, la lumière solaire est probablement réfléchie, non pas de la surface planétaire, mais des nuages situés à une certaine élévation au-dessus d'elle. En de telles circonstances, la lumière ne serait pas soumise à l'action absorbante des régions plus basses et plus denses de l'atmosphère de la planète, qui sont précisément celles de notre atmosphère qui produisent le plus formellement les lignes nommées atmosphériques.

Voici maintenant les résultats relatifs à l'observation des étoiles fixes.

Puisque les corps sont lumineux par eux-mêmes, nous pouvons espérer d'obtenir par leur analyse prismatique une meilleure connaissance de leur nature, qu'il ne nous est possible de le faire sur les planètes dont la clarté n'est que la lumière solaire réfléchie.

Qu'est-ce que les étoiles? se demande M. W. Huggins. Rapprochées par les plus grandes puissances de l'optique, elles ne présentent encore aucun disque apparent ; elles restent au champ du télescope ce qu'elles paraissent à l'œil nu : des points brillants.

Jusqu'en ces derniers temps, notre connaissance à propos des étoiles pouvait être résumée en ces termes : elles brillent, — elles sont immensément éloignées, — les mouvements de quelques-unes d'entre elles montrent qu'elles sont constituées d'une substance douée des propriétés de l'attraction mutuelle.

Ce serait une présomption de supposer que les 65 corps simples terrestres constituent la somme des matériaux primitifs de l'univers. Sans doute, dans les spectres des étoiles, le chimiste est introduit dans un nombre d'éléments nouveaux. Comment lui serait-il possible de les reconnaître et de les isoler? Quoi qu'il en soit, on a des résultats précis sur certains éléments déterminés.

C'est un fait caractéristique, que les lignes de l'hydrogène correspondant à *c* et *f* du spectre solaire manquent dans les spectres d'α d'Orion et de β de Pégase, et dans ces deux étoiles seulement, sur plus de 50 étoiles examinées.

β de Pégase renferme le sodium, le magnésium, et peut-être aussi le baryum.

Sirius renferme le sodium, le magnésium, le fer et l'hydrogène.

Véga renferme le sodium, le magnésium, le fer.

Pollux renferme le sodium, le magnésium, le fer.

On a mesuré 90 lignes dans le spectre d'Aldébaran, près de 80 dans celui de α d'Orion et 15 dans celui de β de Pégase. Le diagramme du spectre d'Aldébaran et de α d'Orion ayant été dessiné, on put le comparer aux spectres de divers éléments terrestres. On trouva par cette comparaison qu'il existe, sur Aldébaran, neuf lignes représentant les corps élémentaires suivants: sodium, magnésium, hydrogène, calcium, fer, bismuth, tellure, antimoine et mercure. On trouva de même sur α d'Orion le sodium, le magnésium, le calcium, le fer et le bismuth.

Aucune étoile assez brillante pour donner un spectre n'a été observée dénuée de lignes. Une étoile ne diffère d'une autre que dans le groupement et l'arrangement des innombrables petites stries dont leurs spectres sont traversés.

Les lignes sombres d'absorption sont plus fortes dans les spectres des étoiles dont la lumière est nuancée de vert ou de rouge. Dans les étoiles blanches, les stries, quoique aussi nombreuses, sont très-fines et très-faibles, à l'exception de la raie de l'hydrogène, qui est relativement très-forte. Ce fait indique une condition particulière des atmosphères environnant des étoiles blanches, état qui dépend peut-être de leur haute température.

La comparaison des spectres des étoiles différentes de couleur suggère l'opinion que ces couleurs ont leur origine dans la constitution chimique de leurs atmosphères. Puisque la source de la lumière stellaire est une substance solide ou liquide dont la température est extrêmement élevée, cette lumière doit toujours être blanche à son émission. Il paraît exister une grande analogie entre ces sources lumineuses et notre soleil incandescent.

Les savants physiciens ferment ce chapitre en émettant l'idée qu'une communauté de matière existe entre les différentes parties de l'univers. On sait que notre doctrine de l'habitabilité des astres les a déjà préoccupés dans leurs recherches laborieuses. Nous les en remercions de nouveau. « Il est remarquable, disent-ils en terminant, que les éléments les plus répandus dans l'armée des étoiles sont les mêmes que ceux dont les organismes vivants sont constitués sur notre globe. Ne doit-on pas regarder les étoiles les plus brillantes comme des soleils, centres de systèmes de mondes peuplés, comme le nôtre, d'êtres vivants. »

Il y aurait du reste beaucoup à dire et longuement à discuter sur les *éléments* de l'univers.

Nous venons de voir à quel point les professeurs Huggins et Miller ont conduit leurs recherches en analyse spectrale, quel instrument et quelle méthode ils ont employés, et quelles vues leur ont suggérées ces longs travaux relativement à l'unité de la matière. Après les avoir interrogés sur les planètes de notre système et sur les étoiles fixes, nous continuerons ici la question des *nébuleuses*, déjà soulevée quelques pages plus haut; ces agglomérations lointaines et mystérieuses n'ont pu échapper à leur regard. Mais ici, plus que jamais, il faut mettre une grande prudence dans ses conclusions et se défier souverainement des apparences.

Outre les étoiles, les cieux sont parsemés de taches nuageuses faiblement lumineuses, et qui présentent souvent des formes étranges et fantastiques. On connaît environ cinq à six mille de ces nébuleuses. Quelle est la nature de ces objets singuliers? Sont-ils de vastes et riches foyers de soleils rassemblés en une seule masse par suite de l'immense éloignement qui nous en sépare? Sont-ils les masses chaotiques de la substance primordiale de l'univers? Le télescope seul essayait de nous offrir la solution de ces mystères; l'analyse prismatique de ces pâles créations paraissait sans espérance.

M. Huggins dirigea l'appareil que nous avons décrit sur une nébuleuse assez petite, mais relativement brillante (37 H. iv.). Quelle ne fut pas sa surprise d'observer qu'au lieu d'une bande de lumière colorée, comme apparaît le spectre d'une étoile, la lumière de cet objet restait concentrée en trois brillantes lignes bleu vert, séparées par des intervalles sombres! Ce genre de spectre lui montra que la source de la lumière était un gaz lumineux. La plus brillante des trois lignes était en position dans le spectre vers le milieu du chemin entre *b* et F. Elle était accompagnée d'une ligne plus faible, plus réfrangible qu'elle, et séparée d'elle par un espace sombre. La troisième ligne, qui est aussi la plus faible, coïncide avec F et avec la ligne de l'hydrogène. La ligne la plus brillante concourt, en position, avec la plus brillante des lignes du nitrogène (azote). La ligne intermédiaire, en réfrangibilité, ne correspond avec aucun des éléments qu'on lui a comparés (1).

(1) **Nébuleuses dont le spectre indique l'état gazeux :**

37 H. iv.	**Trois lignes brillantes.**
6 Σ.	
73 H. iv.	
51 H. iv.	
Grande nébuleuse d'Orion.	

18 H. iv.
Nébuleuse annulaire de la Lyre.
Dumb-bell.

Nébuleuses dont le spectre est continu :

92 M.
50 H. iv.
31 M., grande nébuleuse d'Andromède.
32 M.
55 Andromède.
26 H. iv.
15 M.
2 M.

L'examen minutieux des différentes parties de la nébuleuse nommée *Dumb-bell* et de la grande nébuleuse d'Orion montre que ces deux nébuleuses sont uniformes en constitution ; si la lumière d'une partie diffère de celle d'une autre, c'est seulement en intensité.

Les nébuleuses 37 H. iv. et 73 H. iv. donnent en addition à leurs lignes brillantes un faible spectre continu. Ce spectre est dû à la lumière du *noyau*.

Des observations de ce genre ont semblé suffisantes à l'auteur pour autoriser les opinions suivantes, en ce qui concerne la nature et la structure de celles des nébuleuses qui donnent un spectre de lignes brillantes; nous les traduisons de l'anglais :

1. La lumière de ces nébuleuses émane d'une matière chauffée à une haute intensité, existant *à l'état gazeux*. Cette conclusion est corroborée par la grande faiblesse qui distingue la lumière de ces nébuleuses. Une portion circulaire du disque du soleil sous-tendant un angle d'une minute donnerait une lumière égale à 780 pleines lunes; cependant un grand nombre de ces nébuleuses, quoique sous-tendant un angle beaucoup plus grand, sont invisibles à l'œil nu. Sur la terre, le gaz lumineux émet une lumière bien inférieure en éclat à la matière solide incandescente.

2. Si ces énormes masses de gaz sont entièrement lumineuses, la lumière venant des parties situées au-delà de la surface qui nous est visible serait en grande partie éteinte par l'absorption du gaz à travers lequel elle aurait passé. Ces nébuleuses gazeuses nous présenteraient, par conséquent, un peu plus qu'une *surface lumineuse*. Cette considération peut servir à expe-

ser les formes d'étrange apparence de quelques-unes d'entre elles.

3. Il est probable que deux des éléments constitutifs de ces nébuleuses sont l'hydrogène et l'azote, à moins que l'absence des autres lignes du spectre du nitrogène n'indique une forme de substance plus élémentaire que lui. La troisième substance gazeuse n'est pas encore connue.

4. L'uniformité et l'extrême simplicité des spectres de toutes ces nébuleuses combat l'opinion que cette matière gazeuse représente le « fluide nébuleux » indiqué par William Herschel, duquel les étoiles auraient été formées par un procédé de condensation. Dans un tel fluide primordial, on trouverait tous les éléments qui entrent dans la composition des étoiles. Si ces éléments existaient en de telles nébuleuses, les spectres de leur lumière seraient croisés des mêmes lignes brillantes qui se trouvent sur les spectres stellaires en lignes sombres.

5. On ne peut guère soutenir la proposition que les trois lignes brillantes indiquent une condition plus primitive et plus simple de matière ; car alors, si le procédé d'élaboration en étoiles s'accomplit, maintenant, nous pourrions nous attendre à trouver dans quelques-unes des nébuleuses, ou dans quelques parties d'entre elles un état plus avancé vers la formation des éléments distincts dont nous savons maintenant les étoiles être constituées. Un tel progrès serait indiqué par un nombre croissant de lignes brillantes. Il est difficile de supposer que la température excessivement haute des nébuleuses garde en échec des affinités par lesquelles,

si elles n'étaient pas retenues, la formation des éléments s'opérerait; car, dans quelques-unes des nébuleuses, un noyau existe qui, par son spectre continu, son éclat supérieur et sa séparation apparente du gaz environnant, se présente comme renfermant une matière solide ou liquide. A une température à laquelle la matière peut rester liquide ou solide (quoique en des constitutions particulières cette température puisse être très-élevée), nous ne pouvons pas supposer que la formation des éléments chimiques soit arrêtée par la chaleur excessive.

6. Une formation progressive de quelque genre est suggérée par la présence des portions plus condensées, et, dans quelques nébuleuses, d'un noyau. Les nébuleuses qui donnent un spectre continu et restent pourtant fort peu résolubles — telles que la grande nébuleuse d'Andromède — ne sont pas nécessairement des amas d'étoiles. Elles peuvent être des nébuleuses gazeuses qui, par la perte de la chaleur ou l'influence d'autres forces, se sont condensées en portions plus solides et dans la condition opaque.

Si les observations de lord Rosse, du professeur Bond et d'autres sont acceptées en faveur de la résolution partielle de la nébuleuse annulaire de la Lyre et de la grande nébuleuse d'Orion en points brillants distincts, ces nébuleuses peuvent être regardées, non comme de simples masses de gaz, mais comme des systèmes formés par l'agrégation de masses gazeuses. Est-il possible que la permanence de la forme générale de ces nébuleuses puisse être maintenue par les mouvements de ces masses séparées?

7. L'idée de l'énorme distance des nébuleuses à notre système, en tant que fondée sur l'étendue supposée de l'éloignement auquel les étoiles du plus brillant éclat cesseraient d'être visibles à nos télescopes, n'est plus fondée en ce qui concerne les nébuleuses à spectre continu. Il peut se faire que quelques-unes d'entre elles ne soient pas plus éloignées de nous que des étoiles plus brillantes.

8. Aussi loin que s'étendent les observations du narrateur, elles paraissent favoriser l'opinion que ces nébuleuses sont des *systèmes gazeux* dont la structure comme la destination sont en relation avec l'univers, mais distincts de la grande masse cosmique à laquelle le soleil et les étoiles fixes appartiennent. Quelle est cette destination spéciale? Plusieurs théories séduisantes se présentent d'elles-mêmes en connexion avec les grands problèmes de la conservation de l'énergie de l'univers, de la source et de l'entretien de la chaleur solaire et stellaire. — L'auteur termine en disant que l'accumulation lente et laborieuse des faits fera plus avancer la science que les spéculations les plus brillantes, et en cela il a grandement raison.

Mais il reste beaucoup, beaucoup à discuter, sur la légitimité des conséquences que l'on tire des lignes d'absorption du spectre des nébuleuses, et sur lesquelles on croit pouvoir fixer la théorie de leur composition chimique.

Si l'analyse spectrale a de laborieux représentants en Angleterre, elle compte un actif investigateur à l'observatoire de Rome : le R. P. Secchi.

Puisque cet éminent astronome veut bien nous tenir

au courant des travaux auxquels il applique actuellement ses veilles fécondes, nous nous faisons un devoir de porter ses nouvelles découvertes à la connaissance de nos lecteurs et de tous ceux qui s'intéressent aux progrès de la science du ciel.

Les spectres stellaires, nous écrit-il, sont toujours à l'ordre du jour ; avec les nouveaux appareils, j'ai pu voir les raies d'Arcturus aussi nombreuses et aussi fines que celles du Soleil. Si vous avez reçu mon quatrième numéro du *Bulletin* que je vous ai envoyé, vous y avez trouvé le dessin du spectre de Bételgeuse et d'Aldébaran, dont les analogies sont remarquables. Aussi, dans cette classe, il faut ranger même Arcturus. L'absorption plus faible de l'atmosphère de cette étoile rend les lacunes noires plus fines, mais l'absorption paraît de la même classe. J'ai déjà, dès l'année 1863, distingué les étoiles en classes sous ce rapport ; les rouges et colorées forment une catégorie, les blanches une autre.

Celles-là sont caractérisées par des lignes sombres, nombreuses, et dans ces dernières il y a plus de continuité, et au contraire règne une grande lacune dans le vert-bleu. Sirius en serait le type comme α Lyre. J'ai trouvé que ces distinctions ont lieu même dans les étoiles de 4e et 5e grandeur.

Ces recherches ont pu être appliquées à l'inspection des comètes, entre autres à celle de la comète de Tempel. L'observateur a trouvé que son spectre est composé de trois raies seulement : une qui correspond à 2/5 de la distance entre *b* et F de Frauenhofer et est assez vive ; sa couleur est verte, mais diffère de celle des nébuleuses de toute sa largeur; les autres deux lignes ou raies sont trop petites et faibles pour en pouvoir fixer exactement la position. L'une est, du côté du rouge, assez près de la large raie principale, l'autre est assez éloignée du côté du violet. D'après cela on doit ranger les comètes, pour leur constitution physique moléculaire, parmi les nébuleuses; mais leur réfrangibilité de lumière n'est pas la même que celle des nébuleuses.

Dans sa lettre, il ajoute : « Le Bulletin de l'observatoire du Collége romain est occupé par les travaux actuels de l'observatoire. Pour le moment, je vous dirai que j'ai réussi à voir dans la comète de Tempel trois branches spectrales lumineuses, confirmant ainsi pour cette comète ce que M. Donati avait observé pour une autre. Deux exemples font déjà beaucoup.

« Je vous dirai de plus, ajoute-t-il, que j'ai également réussi à voir le spectre de Sirius rayé à peu près comme celui du *soufre* publié par M. Plucker dans le dernier numéro des *Transactions philosophiques*. Par cette publication, on voit justifié ce que j'avais déjà observé : que le spectre obtenu par le magnésium brûlant n'est pas du tout identique avec celui du magnésium donnant l'étincelle électrique. »

Pour en revenir aux étoiles et terminer par là notre étude, nous dirons qu'en résumé il résulte des recherches du laborieux correspondant de l'Institut que les spectres stellaires sont limités à un très-petit nombre de types caractéristiques, qu'on peut réduire à trois, et qui sont représentés respectivement : 1° par α Lyre ; 2° par α Hercule; 3° par α Bouvier, ou même, pour ce dernier type, par notre Soleil lui-même; ce qui n'empêche pas, cependant, qu'il y ait des différences notables dans les étoiles du même type. De plus, il a annoncé qu'entre le premier et le dernier type se partageaient, en nombre à peu près égal, presque toutes les étoiles examinées jusqu'alors.

Ces résultats ont été confirmés par des observations étendues et nombreuses d'environ cinq cents étoiles, faites à l'observatoire du Collége romain, avec une description détaillée de plus de quatre cents de ces étoiles.

Le premier type de α Lyre contient comme lignes fondamentales deux lignes très-visibles de l'hydrogène, c'est-à-dire celle du bleu, et une autre dans le violet.

L'hydrogène serait donc, d'après ces observations, le principal élément des étoiles de ce type. Le singulier phénomène que présente γ Cassiopée, qui a une raie brillante à la place de la raie obscure *f* (hydrogène), serait expliqué par cet autre fait, que l'hydrogène à basse température donne un spectre continu, sur lequel la raie *f* est brillante, et que, l'hydrogène étant en petite quantité, il ne renverse pas le spectre. Il existe d'autres raies entre celles de l'hydrogène, mais elles sont relativement très-faibles; les raies qui dominent sont celles du magnésium et du sodium.

Le deuxième type, représenté par α Hercule, est beaucoup moins considérable, mais il est aussi remarquablement constant. Les mesures directes donnent rigoureusement à la même place les mêmes lignes dans toutes les étoiles de ce type ; la seule différence est que, dans les étoiles normales α Hercule, β Pégase, o Baleine, ρ Persée, etc., les lignes qui séparent les colonnes sont parfaitement noires et tranchées, pendant que dans quelques-unes, comme α Orion, α Scorpion, etc., elles sont assez faiblement prononcées dans la partie la moins réfrangible du spectre. Malgré cela, il n'y a pas de différence essentielle, comme cette particularité pourrait le faire croire.

Ce type comprend les étoiles fortement colorées en rouge et les étoiles variables. *Mira*, de la Baleine, est une preuve surprenante de cette singularité. Lorsque le P. Secchi l'observa, au mois de septembre, sa petitesse ne permit de rien conclure. En mars, elle était déjà de 4e ou de 5e grandeur; elle montrait alors la colonnade de α Hercule avec une étonnante fidélité; sa faiblesse faisait paraître seulement le spectre plus court et les raies extrêmes plus rapprochées. L'étoile rouge du Cocher (Lalande, 12561) appartient aussi à ce type, seulement les 2e et 3e colonnes sont réunies en une seule, et les 4e et 5e en une autre. Il est curieux de trouver une telle identité dans les spectres d'étoiles si différentes. L'auteur pense que les étoiles de ce type sont assez nombreuses, mais que la couleur sombre de certains d'entre eux empêche d'en déterminer les caractères et il se propose d'en faire une recherche plus minutieuse.

Le troisième type, qui est celui de notre Soleil, semble par sa nature présenter un grand nombre de différences, et cependant il n'en est pas ainsi. Les différences principales se réduisent à ce qu'elles offrent les raies fines en faisceaux plus ou moins serrés, mais ces raies occupent les mêmes places différentes de celles du type précédent. Le magnésium lui-même, qui est très-développé dans le type actuel, ne présente pas le même assemblage de raies voisines que dans le deuxième type ; de plus, dans le type actuel, la raie *f* est toujours assez facile à distinguer, tandis qu'elle manque dans le deuxième. A cause de ces différences, il est facile de distinguer ce type de l'autre, même lorsque les raies sont groupées de manière à leur donner un aspect qui les rapproche. Les cas douteux que j'ai trouvés, dit l'observateur, seront facilement résolus après des mesures définitives, prises avec plus de loisir.

Ces trois types différents sont caractéristiques dans certaines parties du ciel. Ainsi, le P. Secchi a remarqué que le type d'Orion est représenté par une portion de la constellation du Chien et du Lièvre, mais il est très-rare dans les autres parties du ciel ; dans ces étoiles domine le vert, ce qui est le propre de la nébuleuse. Les étoiles jaunes qui se rapportent au troisième type sont très-nombreuses dans la Baleine et dans l'Eridan. Le Taureau est presque exclusivement formé d'étoiles du premier type ; Aldébaran et quelques autres seulement font exception, et ne se rapportent pas à ce type représenté par α Lyre.

Le savant directeur de l'observatoire romain donne ainsi l'explication de ce fait, que des étoiles rouges de 7e grandeur, comme Lalande 12561, donnent un spectre qu'on peut mesurer, ce qui n'est pas possible pour les étoiles blanches de cette grandeur. « Cela est dû, dit-il, à la faible dispersion prismatique qu'éprouve leur lumière, d'où résultent des lignes brillantes séparées, à peu près comme dans les nébuleuses. Une lumière, même faible, si elle ne se disperse pas, conserve une intensité remarquable. C'est ainsi, ajoute-t-il, que j'ai pu voir les raies du sodium bien séparées dans la flamme d'une petite bougie ordinaire, à 2 kilomètres de distance. » Les lignes noires de ces étoiles sont cependant plutôt de véritables bandes, semblables à celles que produit l'absorption de notre atmosphère sur le Soleil. La raie D du sodium, par exemple, qui est très-fine, se trouve ici énormément dilatée, ce qui prouverait que ces astres sont entourés d'atmosphères absorbantes, dont la nature ne pourra être reconnue que lorsqu'on aura séparé dans les spectres ce qui appartient à la nature de la substance analysée, et ce qui tient à la température de ce même corps.

Lorsque les chimistes seront arrivés à la séparation de ces deux causes, l'analyse spectrale sera enrichie d'une grande découverte, et il sera curieux de constater peut-être, dans ces astres lointains, certaines atmosphères ayant de l'analogie avec la nôtre.

V.

LE SOLEIL. DERNIÈRES RECHERCHES SUR SA NATURE ET SUR SA CONSTITUTION PHYSIQUE.

Nous avons ouvert notre volume de l'année dernière par une étude spéciale sur la nature du Soleil, telle que les plus exactes investigations de la science nous ont permis d'en établir la théorie. Nous avons vu qu'en ces dernières années une scission s'est opérée dans le camp des astronomes à la suite des découvertes de M. Kirchhoff et des partisans de sa théorie. Nous avons de même établi en quoi diffèrent les deux théories actuellement adoptées par l'un ou par l'autre parti, et sur quels faits d'observation elles prétendent s'appuyer l'une et l'autre.

Comme ce sont précisément les faits observés qui ont la plus grande importance, et non les hypothèses que l'on invente pour les mettre d'accord avec certaines idées reçues, nous nous proposons encore de mettre sous les yeux des lecteurs les observations dues aux différents astronomes qui travaillent à ces recherches, sans donner de privilége aux uns ni aux autres, et sans nous préoccuper des théories qu'ils défendent. Les faits! toujours les faits!

Puisque, suivant le noble exemple de M. Carrington, les astronomes d'outre-Manche s'occupent du sujet avec une patience incomparable, nous les présenterons au premier rang. MM. Warren de La Rue, Balfour Stewart et Benjamin Loewy vont nous offrir les résultats principaux de leurs recherches; nous comparerons ensuite ces résultats à ceux que d'autres chercheurs ont pu acquérir. C'est par les efforts combinés de nombreux observateurs que la science peut atteindre la solution de tant d'énigmes qui lui restent encore à résoudre; aussi est-il bon de ne jamais perdre de vue aucune des branches qui constituent ce grand arbre lentement progressif du savoir. Les astronomes que nous venons de nommer ont présenté à la Société royale de Londres d'intéressants travaux sur la constitution physique du soleil, question mise à l'ordre du jour depuis longtemps, et qui est assez complexe pour rester longtemps encore dans le champ de la discussion.

Après avoir donné une esquisse rapide de leur sujet, les auteurs que nous venons de nommer établissent la nature des matériaux qui ont été mis à leur disposition. En premier lieu, M. Carrington a mis obligeamment entre leurs mains tous ses dessins originaux de taches solaires, s'étendant depuis le mois de novembre 1853 jusqu'au mois de mars 1861. Ils adjoignirent à ces dessins ceux qui ont été pris à l'héliographe de Kew. Quelques-uns furent pris à cet instrument à l'observatoire de Kew pendant les années 1858 et 1859. En juillet 1860, il fut employé en Espagne, à l'observation de l'éclipse totale. En 1861, quelques reproductions furent obtenues à Kew; de février 1862 à février 1863, l'instrument fut en occupation perpétuelle à l'observatoire privé de M. de La Rue (Cranford), et depuis mai 1863 jusque aujourd'hui, il demeura en occupation à Kew sous la direction du même astronome. On construisit alors une table, de laquelle on put déduire que le nombre des groupes observés à Kew, de juin à décembre 1863 inclusivement, était de 64, tandis que le nombre de ceux observés par M. Schwabe (le célèbre observateur de Dessau, dont nos lecteurs connaissent les travaux) était de 89, pour le même intervalle. Semblablement, le nombre observé à Kew, entre janvier et novembre 1864 inclusivement, fut de 109, tandis que, pendant le même espace de temps, Schwabe en observa 126. Le nombre de taches observées par celui-ci est, comme on le voit, supérieur à celui de Kew ; mais il est probable qu'en leur appliquant une correction constante, les deux séries peuvent concorder sans peine.

Les auteurs se proposèrent donc de répondre aux questions suivantes :

1° L'ombre d'une tache est-elle plus près du centre du soleil que la pénombre, ou, en d'autres termes, appartient-elle à un niveau plus bas?

2° La photosphère de l'astre qui nous éclaire doit-elle être regardée comme formée d'une substance solide ou liquide, ou bien est-elle d'une nature gazeuse ou nuageuse?

3° Les taches (y compris l'ombre et la pénombre) sont-elles des phénomènes situés au-dessous du niveau de la photosphère solaire ou au-dessus de lui?

En réponse à la première de ces questions, il fut montré que si l'ombre est, d'une façon appréciable, située sur un niveau inférieur à celui de la pénombre, nous sommes conduits à admettre un empiétement apparent de l'ombre sur la pénombre du côté le plus proche du centre visuel du disque. Ceci est, en fait, le phénomène observé par Wilson, lequel induisit dans l'opinion que l'ombre était plus rapprochée du centre du Soleil que la pénombre.

On construisit alors deux tables montrant la disposition relative de l'ombre et de la pénombre pour chaque tache autographiée à Kew, qui pouvait servir à ce dessein.

Dans la première de ces tables, cette disposition fut établie de gauche à droite, car telle est la direction dans laquelle les taches s'avancent à travers le disque, en vertu du mouvement de rotation ; dans la seconde, cette disposition fut établie dans une direction parallèle aux cercles de longitude solaire, et l'on ne considère dans cette table que les taches situées à une haute latitude solaire.

D'après la première de ces tables, on montre qu'en prenant tous les cas où un empiétement de l'ombre sur la droite ou sur la gauche de la pénombre est perceptible, on trouve 86 p. °/₀ en faveur de l'hypothèse que l'ombre est plus proche du centre que la pénombre, et 14 p. °/₀ contre cette hypothèse. Il résulte également de l'inspection, qu'en prenant toutes les taches valables et en les distribuant par zones, selon leur distance au centre, l'empiétement est plus grand lorsque les taches se trouvent près du bord, et moins grand quand elles se trouvent près du centre.

D'après la seconde table, dans laquelle on a seulement considéré les taches situées à de hautes latitudes, on établit qu'en prenant tous les cas où l'empiétement de l'ombre en haut et en bas est perceptible, 81 p. °/₀ sont en faveur de l'hypothèse que l'ombre est plus proche du centre que la pénombre, tandis que 19 p. % sont contre elle.

Le résultat de ces tables est donc favorable à cette hypothèse.

Les auteurs se proposèrent ensuite de répondre à la question suivante :

La photosphère de l'astre qui nous éclaire doit-elle être regardée comme formée d'une substance solide ou liquide, ou bien est-elle d'une nature gazeuse ou nuageuse ?

Il fut constaté que le grand éclat relatif des facules près du bord porte à croire que *ces masses planent à une haute élévation dans l'atmosphère solaire*, échappant par là à une grande partie de l'influence absorptive, qui est particulièrement forte dans le voisinage des bords ; cette conclusion fut confirmée par certaines vues stéréoscopiques obtenues par M. W. de La Rue, dans lesquelles les facules paraissent très-élevées. On remarque aussi que les facules gardent souvent le même aspect pendant plusieurs jours, comme si la matière qui les compose était susceptible de demeurer à l'état de suspension pendant quelque temps.

On construisit ensuite une table montrant la position relative des taches solaires et les facules qui les accompagnent, d'après tous les dessins de Kew, susceptibles de servir à cet examen.

Il résulte des comparaisons que, sur 1137 cas, 584 taches présentèrent leurs facules entièrement, ou presque entièrement sur le côté gauche, que 508 les offrirent à peu près également des deux côtés, tandis que

45 seulement les montrèrent à droite. C'est comme si la matière lumineuse, étant lancée dans une région d'une plus grande vitesse absolue de rotation, se rabattait en arrière, à gauche ; et l'on peut supposer que la substance des facules qui accompagnent les taches provient de la région de la surface solaire qui renferme la tache et qui a de cette façon été privée de son éclat.

Il y a, de plus, un bon nombre de cas où la tache s'est brisée de la manière suivante : un pont, de substance lumineuse, de même éclat apparent que la photosphère environnante, paraît croiser l'ombre d'une tache que nulle pénombre n'accompagne. Il y a des raisons suffisantes de penser que ce pont est au-dessus de la tache ; car, si l'ombre était un nuage opaque et la pénombre un nuage demi-opaque, toutes deux se trouvant au-dessus de la photosphère solaire, il n'est pas probable que la tache se briserait de telle façon que l'observateur ne pût apercevoir quelque pénombre accompagnant le pont lumineux. Enfin, des portions détachées de matière lumineuse paraissent quelquefois se mouvoir à travers une tache, sans produire pour cela aucune altération permanente.

De ces considérations on infère que la photosphère lumineuse ne doit pas être regardée comme composée d'un lourd solide ni d'une substance liquide, mais qu'elle est plutôt *de la nature des gaz*, des vapeurs et des nuages, et que les taches sont des phénomènes produits au-dessous du niveau de la photosphère du Soleil.

Le mémoire se termine par des considérations théoriques plus ou moins probables. Puisque la partie centrale ou profonde d'une tache est bien moins lumineuse que la photosphère, on peut en conclure sans doute que la tache est d'une température inférieure à celle de la photosphère; et si l'on peut supposer que toute la masse solaire à ce niveau est d'une température plus basse que la photosphère, on peut encore en conclure que la chaleur du flambeau vient du dehors et non de son sein.

Tels sont les résultats obtenus par les astronomes cités plus haut. Avant d'arriver à d'autres observations, nous signalerons ici, par parenthèse, un phénomène qui se rattache aux idées précédentes : *c'est la chute d'un météore à la surface du soleil.* — Le 1er octobre 1864, vers 22 h. 30 m., temps moyen de Greenwich, M. Frédéric Brodie observait à Nickfild la surface du Soleil à l'aide d'un équatorial de 8 pouces et demi d'ouverture et d'un grossissement de 110. Subitement, un météore d'un éclat très-vif trancha le champ de vue : sa lumière surpassait beaucoup en intensité celle de la photosphère du Soleil, dans laquelle ce corps paraissait tomber. La longueur de la ligne qu'il décrivit dans le champ de la lunette fut d'environ une minute d'arc. La largeur de la tête du météore était de 4 ou 5 secondes d'arc environ, et la durée de sa visibilité fut de 3 dixièmes de seconde. Il parut d'abord à la partie inférieure du champ et disparut près du centre; sa course apparente fut donc presque verticale. Il paraissait terminé par une queue légèrement courbée, laquelle portait deux dentelures « serrations » très-considérables à son bord oriental.

Un petit dessin, joint à cette note des *Monthly*

notices, reproduit cette apparence météorique. L'observateur avait craint un instant que cette apparence fût une illusion causée par la chaleur du Soleil qui aurait opéré un dérangement moléculaire dans l'objectif. Mais l'effet n'étant pas permanent, il fut assuré qu'il était extérieur à l'instrument.

MM. Carrington et Hodgson avaient déjà observé un phénomène analogue.

A ce propos, nous signalerons ici une observation fort curieuse faite par le savant directeur de l'observatoire du Collége romain.

Les astronomes auront sans doute observé, nous écrit-il, la tache solaire très-intéressante qui a paru l'été de 1866. Mais je ne sais pas si tous auront eu l'opportunité d'en suivre les phases comme nous avons fait ici. Permettez-moi de vous en donner quelques résultats, réservant le reste à une publication plus développée, car cela ne sera pas sans avantage, puisque la question solaire est réduite à tel point, qu'elle ne peut avancer qu'avec des observations de détails.

Je crois que j'ai assisté, pour ainsi dire, à la formation première de la tache. En effet, le 28 juillet, rien à sa place n'était visible : le 29 il y avait seulement deux points presque imperceptibles. Le 30 juillet, à 10 heures, la tache était élargie à l'énorme extension de 76″, et elle occupait la place de l'un des deux points de la veille, pendant que l'autre était demeuré invariable.

Sa figure était presque circulaire, et composée d'un cercle de taches plus petites qui, observées avec le grand réfracteur et l'oculaire diagonal, avaient l'air d'être autant de tourbillons de formes très-irrégulières. J'en fis immédiatement le dessin dans une demi-heure, entre 11 h. 1/2 et midi, qui est réussi aussi exact que possible dans la multitude innombrable de détails qui variaient à vue. J'ai fait photographier ce dessin et je vous en envoie une copie. L'après-midi à 3 heures, on fit un autre dessin, mais la tache était énormément changée. On trouve, dans le premier dessin, la trace des tourbillons qui se développaient après en se séparant les uns des autres. On peut avoir une idée des transformations de la tache, en regardant la seconde photographie qui la représente le jour suivant, 31 juillet, presque à la même heure. On voit que ses parties principales ne sont que le développement de celles du jour précédent, et que la variation principale consiste dans la formation de grands tourbillons isolés. Le reste des variations a consisté, jusqu'à la fin de la disparition derrière le limbe, à déterminer plus exactement, et séparer les grands centres du mouvement ou des noyaux, les plus petits étant absorbés par les plus grands, et les plus grands s'éloignant de plus en plus. Ainsi, la partie centrale du cercle du premier jour, qui était de structure granulée, comme le reste du Soleil, a disparu, absorbée par les taches partielles du contour, pour donner lieu à une grande extension de pénombre, sur laquelle se dessinait une multitude de corps blancs allongés comme du coton étiré.

En cherchant, parmi les objets usuels, quel pouvait être le phénomène plus semblable aux phases parcourues par cette tache, j'ai trouvé qu'on peut assez bien la comparer à une grande agitation produite dans une masse d'eau courante, comme une rivière, dont le résultat final est de produire une quantité de tourbillons indépendants, qui sont emportés avec des directions à peu près parallèles par le courant lui-même. L'énorme allongement qu'a reçu le groupe, qui est plus que doublé de longueur, le 1er août, en arrivant à 148″ de longueur, et conservant presque la même largeur (en sens de la latitude), c'est-à-dire 74″, paraît démontrer une translation systématique qui s'est trouvée, d'un côté, additionnée du mouvement imprimé par la première formation, tandis que de l'autre il avait lieu en sens contraire. Il était impossible de prendre des mesures micrométriques sur cet objet, et nous nous sommes limités à faire des dessins par projection avec une grande échelle, et j'espère pouvoir les publier bientôt.

Je viens maintenant à l'observation la plus importante, continue l'astronome romain : dans son avancement, la tache avait subi un grand allongement de la pénombre intérieure, et dans cette pénombre se trouvaient des noyaux très-bien décidés, environnés de facules ou parties plus claires. Je surveillais donc avec grand empressement la disparition de la tache aux bords du Soleil, pour voir quels phénomènes se manifestaient. La première partie de la tache arriva au bord le 5 août, à 6 h. 1 m., mais l'état de l'atmosphère agitée ne permit pas d'observer avec sûreté des phénomènes particuliers. Le matin suivant, la seconde partie de la tache arriva au bord, et j'eus la satisfaction de faire l'observation suivante, dans des circonstances d'air assez favorables.

Le jour précédent (5 août), la tache montrait un noyau qui, le matin à 9 heures, se trouvait très-rapproché du bord. Ce noyau se voyait comme un trait noir, séparé par un filet très-lumineux du bord du soleil, et ce filet produisait une proéminence sur le bord solaire, et à droite et à gauche de cette proéminence on voyait nettement une dépression. A quelque distance du noyau on avait, sur le bord, une partie brillante, et de là le bord se relevait, pour continuer ondulé jusqu'à la limite de la tache, au-delà de laquelle le limbe solaire reprenait sa régularité. J'étais absorbé dans ces observations, lorsque je reçus la visite de M. Tacchini, astronome à Palerme, et très-exercé dans les observations solaires, et sans lui dire ce que j'avais vu, je le priai de faire grande attention au lieu de la tache et de dessiner ce qu'il voyait. M. Tacchini fit une figure que je trouvai juste l'expression de ce que j'avais vu.

A 10 h. 32 m., temps moyen de Rome, le bord lumineux qui enveloppait le noyau était encore visible comme une ligne déliée, mais avec des nœuds et des irrégularités assez sensibles à l'intérieur. On ne peut se refuser de comparer ces apparences à celles qu'on voit dans la lune, près du bord, lorsqu'elle est presque pleine. La pleine lune en photographie de M. Rutherfurd, de New-York, qui m'arriva ce jour-là, finit par nous convaincre que les apparences étaient les mêmes. Pour plus de sûreté, dans une observation de telle importance, nous avons pris le bord par projection, et nous avons estimé les irrégularités entre 1/4 et 1/2 seconde en arc.

D'après ces circonstances, il me paraît bien démontré que les facules étaient des proéminences, et les pénombres des dépressions dans le corps solaire. Si ces dépressions se voient si rarement, c'est que les taches sont ordinairement très-petites par rapport au globe solaire, et par là il arrive que le bord saillant de la partie intérieure, lorsque la tache est près du limbe, cache lui-même la pénombre et la cavité, comme il arrive même dans la lune. Mais, si la dépression a une très-vaste étendue, comme cette fois-ci, le bord saillant ne peut empiéter assez pour cacher toute la dépression de la pénombre.

Il est inutile d'insister sur l'importance de cette observation qui apporte un nouveau jour sur ce point douteux.

« Dans les dessins des taches que je vous envoie, ajoute le P. Secchi, vous verrez aussi la constitution des pénombres : il est vrai que cette fois les feuilles de saule ne sont pas bien sensibles, car elles ne sont bien arrangées et orientées que dans la partie des pénombres qui sont du côté extérieur du grand amas de taches, tandis qu'elles sont très-confuses et entrelacées du côté intérieur. Elles paraissent même étirées et fondues dans la partie centrale, de sorte qu'il est impossible d'admettre que ces corps allongés soient quelque chose de solide : je les ai vus se fondre et se dissoudre sous mes yeux dans cette occasion. Je ne pourrai me former une autre idée que celle de nuages, et que cette matière est poussée par une force d'aspiration vers le centre du noyau.

curieux que j'ai obtenu par les mesures de la belle tache circulaire, qui a été visible sur le soleil jusqu'au 20 juillet. J'en ai fait des mesures de distance au limbe du soleil, avec le plus grand soin possible, et dans des circonstances atmosphériques très-favorables.

« Le résultat a été comme si l'arc de rotation diurne devenait successivement moindre au fur et à mesure que la tache approchait du limbe. Ainsi, j'ai obtenu pour l'intervalle de 24 heures des observations faites le soir.

Du 17 au 18,	rotation de la tache	14° 4′ 0
18 au 19,	»	13° 54′ 3
19 au 20,	»	13° 41′ 9

Les observations du matin m'ont donné :

Du 17 au 18,	rotation de la tache	14° 11′ 2
18 au 19,	»	13° 54′ 8

« Il paraît que plus l'axe va en diminuant plus la tache s'approche du bord. Ce phénomène ne me semble pas isolé ; M. Spœrer, dans les *Astron. Nachrichten*, n° 1527, a remarqué qu'une tache paraissait avec un mouvement, dans un sens près de l'un des bords, et dans un sens contraire, près de l'autre bord.

« Je crois que ces phénomènes peuvent être tout simplement l'effet de la réfraction de l'atmosphère solaire, qui dilaterait les arcs diurnes près du centre, et les rétrécirait près des bords, comme il est aisé de se convaincre que cela doit arriver pour un objet environné d'une couche réfringente. Je ne donne pas cette conclusion comme suffisamment établie, mais seulement comme un aperçu et pour prendre date. Malheureusement, les occasions d'observations favorables sont très-rares, car il faut des taches très-régulières et qui ne se déforment pas. »

Ajoutons à ces recherches la récapitulation que M. Rodolphe Wolf vient de présenter sur ses travaux relatifs aux taches solaires. Il s'est donné pour mission d'étudier toutes les observations de ces taches depuis leur découverte, et a réussi à établir les périodes de 11 1/9, 55 1/2 et 166 années qui coïncident (toutes les trois) pour la fréquence des taches solaires, des perturbations magnétiques et des aurores boréales. La période de 11 1/9 n'est autre chose que la période décennale de Schwabe, ratifiée et élargie par lui à 2 1/2 siècles, et il ne sera guère possible de fixer définitivement dans notre siècle la grande période de 166 années, vu que les séries d'observations régulières ne possèdent pas encore l'étendue nécessaire; mais la période de 55 1/2, découverte et publiée par lui (1860-1861), est d'une part sa propriété incontestable et d'autre part elle est assez bien établie, soit pour les taches solaires, soit pour les aurores boréales.

Nous parlions plus haut d'une explication du P. Secchi à propos des effets de la réfraction sur la position des taches solaires. M. Dauge, professeur à l'Université de Gand, confirme par ses observations personnelles la théorie de l'astronome romain. Une note du bulletin de l'*Académie des sciences de Belgique* résume ces études. Des observations faites récemment par MM. Carrington et Spœrer, dit le rapporteur, ont fait connaître certaines inégalités qui affectent le mouvement des taches solaires. Ces observateurs ont reconnu que les vitesses angulaires des taches diminuent à mesure que leur latitude croît, et qu'en outre elles ont un mouvement en latitude qui a paru tantôt croissant, tantôt décroissant. Plusieurs explications ont été données de ce phénomène : le père Secchi, qui rapporte l'observation d'une tache dont le mouvement a paru se ralentir notablement à mesure qu'elle se rapprochait du bord du limbe, a attribué ce phénomène à l'effet de la réfraction solaire. M. Dauge a cherché à démontrer que toutes les inégalités observées peuvent être expliquées par la même cause. Il établit, en conséquence, que la réfraction solaire a pour effet : 1° d'augmenter le diamètre apparent du soleil ; 2° d'augmenter la durée apparente de la rotation du soleil ; 3° de ralentir le mouvement apparent de rotation d'une tache à mesure qu'elle se rapproche du bord du disque ; 4° de faire croître la durée des révolutions des taches avec leurs latitudes ; 5° de donner aux taches un mouvement apparent en latitude. M. Dauge a cherché à appliquer ses formules à la détermination des inégalités de mouvement qui dépendent de la latitude des taches. En faisant une hypothèse particulière sur la réfraction solaire, il arrive à des résultats qui ne diffèrent que très-peu de ceux que l'observation a fournis à M. Carrington. Il paraît donc très-probable que la *réfraction solaire* est une des causes principales des effets observés.

Nous nous sommes entretenus des astronomes anglais, MM. Warren de La Rue, Balfour Stewart, Benjamin Loewy et Carrington, sur la nature des taches solaires et la constitution physique qui paraît ressortir de leur analyse, et nous avons vu que, selon ces observations, les taches se produisent au-dessous du niveau de la photosphère du soleil, confirmation de l'hypothèse émise par Wilson, Herschel et leurs successeurs. Nous avons ensuite exposé les dernières observations du P. Secchi. Quelque soin que les auteurs que nous venons de citer aient employé à leurs observations et à la construction de leurs tables, leurs résultats laissent encore, de leur avis même, une certaine indécision difficile à expliquer, si la théorie généralement admise était l'expression absolue de la réalité. Déjà nous avons vu qu'après l'émission de l'hypothèse de MM. Kirchhoff et Bunsen sur l'état d'incandescence du soleil, de laborieux observateurs, excités par les nouvelles déductions que l'on pouvait tirer des découvertes de l'analyse spectrale, et mécontents de l'hypothèse officielle contredite par ces découvertes, se sont mis à l'œuvre afin d'étudier directement de leur côté cette surface solaire, objet de tant de discussions. Parmi les premiers, on doit inscrire le nom du colonel du génie, M. Emile Gautier, de Genève, auquel on doit la théorie qui assimile les taches solaires à des solidifications partielles formées à la surface d'un métal en fusion. Dans cette théorie, le noyau des taches ne serait autre que la plus grande épaisseur centrale de la solidification, et la pénombre serait la pellicule qui, dans toute formation de ce genre, observée à la surface d'un métal en fusion, enveloppe invariablement la scorie. Un certain nombre de partisans se sont ralliés à cette hypothèse.

M. Emile Gautier a continué cet hiver, à Rome, des observations relatives à la nature des taches solaires.

Nous connaissons particulièrement l'obligeance désintéressée du P. Secchi, pour toutes les questions de science, et M. Gautier, en choisissant le ciel pur de l'Italie, choisissait encore le plus aimable des directeurs d'observatoires (soit dit sans froisser personne, si toutefois quelqu'un se croyait atteint par la comparaison). M. Gautier nous a fait l'honneur de nous adresser, à son retour, les prémices du résultat de ses études, et nous nous faisons un devoir de les présenter ici, en contradiction, ou, si l'on aime mieux, en sérieux principe de discussion avec les résultats que nous venons de présenter. C'est de la discussion que naît la lumière, et ce sont les dogmes, scientifiques ou autres, qui l'étouffent. Donc, pas de dogme, mais l'étude.

Nous ne pouvons mieux faire que d'extraire de la lettre de M. Emile Gautier les points relatifs à ses observations :

« ..... La meilleure manière de vous exprimer ma reconnaissance pour la bienveillance avec laquelle vous avez apprécié ma théorie, soit dans la *Revue contemporaine*, soit dans l'*Annuaire du Cosmos*, sera, je pense, de vous faire part de la suite de mes études.... Elles n'ont pas porté sur les phénomènes accompagnant la fusion des métaux, comme l'an dernier, mais elles ont eu pour objet l'examen direct des taches du Soleil avec un instrument plus puissant.

Grâce à la parfaite obligeance du P. Secchi, j'ai pu me servir, pour cet examen, du grand réfracteur du collége romain, etc.; je crois pouvoir conclure de mes observations la confirmation de mon hypothèse.

L'apparence des taches solaires change d'une manière très-notable lorsqu'on les considère avec de forts grossissements. La conception des deux, voire même des trois enveloppes du prétendu noyau obscur du Soleil, ne se serait probablement jamais produite, si les astronomes avaient eu, dès l'origine, les moyens d'observation modernes. L'existence des taches soi-disant régulières ou symétriques n'aurait pas joué dans la science le rôle qu'on lui a attribué. Je n'aurais pas non plus invoqué en faveur de la théorie que j'ai émise sur la solidité des taches l'argument tiré de la netteté de leurs contours.

Tout est nuageux dans les taches solaires, non-seulement leur théorie, en employant cette épithète au figuré, mais aussi en réalité leurs bords, leurs différentes parties, leur pénombre, leur noyau, les points lumineux qui le traversent. Je n'en ai pas aperçu une seule cet hiver, où l'on pût discerner les circonstances censées normales des taches : noyau uniformément obscur, régulièrement rond ou à peu près, avec pénombre symétrique et donnant naissance à cette hypothèse de cavités en forme d'entonnoirs qui, encore aujourd'hui, est pour plusieurs inséparable de la notion des taches solaires.

J'ignore si la période de mes études a coïncidé avec une phase exceptionnelle de taches; j'ai lieu de croire que non, mais toutes celles que j'ai observées étaient irrégulières, tourmentées, changeant rapidement de formes et présentant dans le plus grand désordre toutes les intensités de lumière et d'obscurité. C'est-à-dire qu'au milieu d'un noyau foncé se montraient des points lumineux du plus vif éclat et de toutes les formes. Un jour, entre autres, une étoile de matière brillante lançait des rayons inégaux jusque vers les bords de la pénombre voisine. La pénombre aussi offre les apparences les plus diverses. Elle ressemble parfois à une surface parsemée de flocons de neige; d'autres fois à une toison tachetée de trous inégalement foncés et inégalement profonds. Certaines stries lumineuses, d'intensité variable, la traversent, faisant souvent saillie sur le noyau. Sa teinte générale peut se fondre d'une manière dégradée pour arriver à la couleur foncée du noyau. En revanche, j'ai vu une large bande lumineuse, aussi brillante qu'une facule, bordant un noyau sur une portion de son contour et le séparant de sa pénombre.

Sur tous les contours, l'apparence brumeuse, cotonneuse, se produit. Elle donne l'impression d'émanations gazeuses, impossibles à pressentir avec un instrument de petites dimensions et pouvant s'accorder avec la théorie du Soleil liquide, incandescent et susceptible de solidifications partielles à sa surface. Parmi ses composants, il en est en effet de plus ou moins fusibles et de plus ou moins volatilisables. Les vapeurs produites par ces dernières peuvent être opaques ou brillantes, et dans ce dernier cas, semblables à celles du zinc, qui, dégagées dans la préparation du laiton, empêchent, par leur éclat, de voir la surface de l'alliage liquide. On peut très-bien supposer que certaines causes, à nous inconnues, venant à produire sur cette surface, soit un épaississement de la matière solide (épaississement correspondant à la pénombre), soit un éclaircissement (correspondant au noyau d'une tache), les gaz émanant de la fournaise sous-jacente puissent se frayer un passage au travers de cette croûte ou de cette écume. Ils produiront alors les apparences des points et des stries lumineux, qui coupent si fréquemment les noyaux et les pénombres des taches. Ces émanations brillantes pourront être d'autant plus intenses et plus vives que leur émission sera plus gênée par le voisinage d'obstacles. On aurait ainsi l'explication de l'abondance des facules aux alentours des taches et dans leur proximité immédiate.

Tels sont, Monsieur, les quelques développements que je crois devoir ajouter à la note publiée par moi l'an dernier, après mes observations romaines. Moyennant ces additions, la théorie que j'ai hasardée me paraît cadrer avec toutes les *apparences* des taches, tout en restant philosophiquement plus probable qu'aucune autre, soit par sa simplicité, soit parce qu'elle fait concorder l'état actuel du Soleil avec la phase de liquidité, que les géologues sont d'accord pour attribuer jadis à la Terre. »

La théorie partagée par M. Gautier est certes l'une des plus satisfaisantes; mais elle ne l'est pas encore d'une manière absolue. Aussi revenons-nous aux faits et ne nous hâtons-nous pas d'arrêter une doctrine.

Voici de nouveaux faits, par exemple, qui ne concordent pas précisément avec l'hypothèse précédente : ce sont les observations de M. Chacornac, notre ancien astronome à l'Observatoire. L'opinion de celui-ci diffère autant des dernières idées que nous avons émises avec M. Gautier, que la théorie du Père Secchi diffère elle-même de celles des astronomes anglais. M. Chacornac considère les taches solaires comme la production de bouches volcaniques. On connaît déjà les raisons qui combattent cette hypothèse; mais combattre n'est pas vaincre, et nous devons à la science d'écouter toutes les raisons données avant de nous prononcer sur aucune. Un vieux proverbe dit : « Qui n'entend qu'une cloche n'entend qu'un son. » C'est ce qui arrive pour celui qui ne lit, sur notre question, que les journaux anglais, ou que les journaux allemands, etc., ou qui n'écoute qu'une classe d'observateurs de la même école. Il est bon de tout écouter. Seulement, de même qu'une multitude de cloches sonnant ensemble produiraient une cacophonie plus nuisible qu'utile à l'appréciation, nous avons soin de ne pas interroger tous les observateurs ensemble; c'est successivement que nous pouvons juger le mouvement.

Nous relierons d'abord les travaux que nous allons présenter à ceux dont nous nous sommes entretenus sur l'analyse spectrale. en donnant de suite un résultat intéressant des mesures prises par M. Chacornac sur le spectre solaire. Cet observateur parvint à amener au contact, dans le même champ, deux spectres solaires, l'un emprunté à l'extrême base du disque, l'autre aux régions centrales! Il lui fut impossible de constater aucune différence sensible dans l'intensité des raies des deux régions.

Ce fait, déjà observé, mais moins précisément, est d'autant plus important qu'il est à peu près certain que l'épaisseur de la photosphère ne dépasse pas au maximum un millième du rayon de l'astre : l'observateur laisse aux physiciens expérimentés le soin de discuter cette anomalie entre la variation d'intensité des raies telluriques, dont la visibilité croît incontestablement en fonction de l'épaisseur d'atmosphère terrestre traversée, et la constance de l'intensité de celles du Soleil, quelle que soit cette épaisseur d'atmosphère absorbante parcourue par les rayons émergents de la photosphère. Cependant, pour expliquer sommairement sa pensée, il lui semble que ces faits indiquent plutôt une immense étendue à l'atmosphère intérieure du Soleil, que l'existence d'un corps central gazeux. Remarquons à cette occasion que l'une des photographies de l'auréole que M. Foucault a obtenues en 1860, lors de l'éclipse totale, accuse une étendue sensiblement égale à trois fois le rayon du disque, et que, pendant l'éclipse de 1851, les astronomes russes et européens ont mesuré des rayons de l'auréole qui se distinguaient nettement de la teinte illuminée du ciel à trois degrés de distance du bord de la Lune. Si l'on réfléchit que l'illumination de l'atmosphère terrestre nous dérobe certainement une majeure partie de cette atmosphère extérieure du Soleil, on aura, dit l'auteur du *Mémoire*, une raison suffisante pour concevoir que peut-être la différence des épaisseurs parcourues par les rayons des centres et des bords du disque n'influence pas sensiblement pour nous l'intensité des raies spectrales d'origine solaire. Quoi qu'il en puisse être, ajoute-t-il, faisons remarquer qu'une pareille atmosphère, soumise aux lois d'une gravité 29 fois plus considérable que celle de la terre, doit déterminer une pression telle dans les couches inférieures qu'il ne doit pas paraître étonnant que le phénomène lumineux en jaillisse. Si ces vues étaient justes, il faudrait voir dans l'universalité de la pesanteur les principales causes des phénomènes d'incandescence à la surface des masses énormes des corps célestes stellaires par la pression des couches inférieures de leurs immenses atmosphères, et trouver une confirmation de plus dans un phénomène insignifiant en apparence à la belle conception du système cosmographique de Laplace.

Passons maintenant au corps solaire lui-même. Nous avons dit que, dans l'esprit de M. Chacornac, les taches ne sont causées que par des éruptions volcaniques. Ecoutons donc l'exposé de ses observations et la conclusion, elle-même encore trop anticipée, qu'il a tirée de ses recherches :

L'étoile à laquelle on a donné le nom de Soleil étant la plus rapprochée de nous, tout ce que nous pourrons acquérir de connaissance sur la constitution physique de ce corps pourra s'appliquer, par voie d'analogie, à celles qui sont plus éloignées ; et il est curieux que le globe obscur central, en se découvrant par suite des accidents volcaniques dissipant le phénomène lumineux, permette de distinguer les moindres traces d'éruptions.

En examinant les lignes de dislocations des chaînes volcaniques, il est certain qu'elles se présentent toutes formées de bouches éruptives situées les unes à la suite des autres, et occupent les interstices d'immenses montagnes de facules dont elles semblent soulever la base pour se faire jour.

Lorsqu'elles sont assez voisines les unes des autres, la tendance qu'ont les cratères solaires à se réunir forme des failles continues, lesquelles s'agrandissent tant qu'il y a de centre irruptif voisin ; tandis qu'elles ont une tendance à se former en ouverture circulaire, aussitôt qu'il n'y a plus de bouches volcaniques nouvelles et que les éruptions continuent.

C'est l'histoire de toutes les taches solaires et de tous les groupes de volcans solaires. Mais ceci dénonce des courants en tourbillon communs à tous les grands centres éruptifs, c'est aussi ce qu'indique la structure rayonnée de la pénombre ou du cratère d'effondrement, en se disposant en spirale plus ou moins accentuée. Enfin la région des facules participe souvent à ce mouvement giratoire, et les ruisseaux lumineux qui entourent les volcans actifs se courbent dans le même sens que ceux du cratère d'effondrement, preuve que ces courants ou tourbillons s'étendent jusque dans les couches supérieures de l'atmosphère lumineuse; les esquisses des groupes de volcans récemment apparus témoignent de ces faits plus ou moins accusés.

Il y a, sous le rapport de l'étendue, de la fixité que ce phénomène présente actuellement à la surface de la terre, une grande différence avec les proportions et la mobilité qu'il offre dans la zone équatoriale de l'astre; mais cela n'enlève aucunement le caractère d'analogie qui paraît exister entre les natures volcaniques solaires et celles de notre globe. En effet la disposition des feuilles de l'écorce terrestre ne peut rien nous révéler de l'ordre des phénomènes qui doivent résulter du refroidissement de diverses zones de la terre fluide et incandescente, de même que les fractures actuelles de son écorce ne peuvent rien nous apprendre sur les phénomènes de cristallisation ou de dissociation imperceptibles qui s'effectuaient dans l'épaisseur de la pellicule primitive en voie de formation, alors qu'elle était entièrement à l'état pâteux. Il résulte même de l'examen des phénomènes que doit offrir une sphère fluide incandescente, en voie de refroidissement, et douée d'un mouvement rapide de rotation autour d'un axe, que les phénomènes de dissociation, et par conséquent les phénomènes volcaniques, peuvent surtout s'effectuer dans le sens des parallèles, sur une plus grande étendue que dans toute autre direction.

Considérons, par exemple, le cas le plus simple du refroidissement de la masse liquide incandescente au pôle, refroidissement qui doit être supposé égal sur la totalité de la surface par suite du rayonnement uniforme vers les espaces célestes. En vertu de l'intensité prédominante de la pesanteur en ce point, les couches superficielles, augmentant de densité, tendront à se déplacer dans le sens qui les rapprochera du centre de gravité plus rapidement que les couches extérieures des zones voisines, d'une moindre latitude, où celles-ci étant moins pesantes par suite de la force centrifuge qui naît de la rotation de la masse, il en résultera des courants latéraux dont l'analogie avec les vents alizés peut être aperçue dès à présent, bien que la cause soit inverse de celle qui produit ces courants atmosphériques; mais il est visible que ces courants seront plus intenses dans les latitudes où la variation de la pesanteur sera plus grande pour une même différence de latitude. Or, suivant la loi du décroissement de la pesanteur à la surface d'un sphéroïde comme la terre, on sait que c'est vers le 42e parallèle que cette différence est la plus considérable, et que l'un des minima de variation est au pôle, tandis que l'autre existe à l'équateur. En remarquant qu'à la région du pôle il doit se produire des courants en remous qui doivent mélanger les couches très-diversement et affluer de toute part, il ne doit y exister aucune vaste surface de calme, tandis qu'il n'en peut être ainsi vers l'autre minima situé à l'équateur.

En effet, dans cette région où la variation de la pesanteur est très-faible d'une latitude à l'autre, jusque vers le 30e parallèle, il s'ensuit que ces courants doivent y avoir moins d'énergie, et qu'il doit se former une zone de calme où les couches homogènes se présentent sur un long espace, comme la zone équatoriale de Jupiter; les phénomènes de cristallisation superficielle, ceux de dissociation pouvant s'y produire, il en résultera l'apparition du phénomène volcanique, lequel ne pourra se montrer dans les zones où les courants se mélangent avec rapidité.

On a observé de rapides mouvements dans certaines réunions de taches qui rappellent le phénomène d'attraction des bulles d'air à la surface d'un liquide. Le 13 mai 1864, à neuf heures un quart du matin, une petite tache située non loin d'une grande a employé dix heures à franchir l'espace qui la séparait, en s'approchant successivement de la pénombre, en s'y précipitant et en arrivant presque en contact avec le centre éruptif principal. De neuf heures et demie à trois heures vingt-cinq minutes, un espace de 15″ à 17″ fut franchi. Ce phénomène est fréquent. Mais il n'est pas toujours facile d'observer la phase maximum du mouvement de précipitation dans le gouffre. Cet exemple montre que la vitesse était de 570 mètres par seconde, ce qui est supérieur à tous les courants liquides ou aériformes de la surface de notre planète.

Si l'on examine les figures de dislocation qui paraissent être analogues aux dislocations d'un corps solide, on est embarrassé en face de pareils mouvements rotatifs et de semblables apparences. Est-ce une masse gazeuse qui peut produire des failles en étoilement comparables dans certains cas à ceux d'un choc sur une plaque de verre? Est-ce au sein d'un liquide que de pareilles trombes circulent?

On voit dans l'une des taches un centre éruptif en train de se clore par des treillages superposés; c'est le centre principal du groupe des « volcans » du 1er avril. Il est signalé comme ayant présenté des dénivellations alternatives, de trois heures à cinq heures et demie: le pont principal s'est abaissé et relevé plusieurs fois, tout d'une pièce, comme si la masse entière qui le supporte s'était mue à la manière d'une soupape. Ce phénomène était accusé par une variation d'éclat et des apparences étirées des mailles de ce réseau; les facules présentent un aspect gélatineux.

Recueillons précieusement les observations qui méritent d'être enregistrées, observons l'ensemble de ces phénomènes que des yeux si divers voient si diversement, ne nous hâtons pas de conclure : la synthèse ne doit venir qu'après l'analyse.

Ces études auraient sans doute pour résultat direct de faire avancer plus rapidement les mystérieux débats de l'héliographie. Mais de tous les travaux récemment entrepris en France sur ces problèmes, ceux de

M. Faye nous semblent particulièrement destinés à lever les derniers voiles.

Dans un premier travail, l'astronome français a entrepris la réduction de toutes les observations actuellement utilisables, de 1854 à 1861, la détermination définitive de la parallaxe, le tableau des mouvements périodiques des taches en latitude, et enfin la recherche de la loi de rotation.

L'intervalle de temps des taches choisies est de vingt-sept jours au minimum, l'ensemble des séries réunies représente plus de 4,000 séries simples relatives à une seule apparition.

La belle découverte de M. Carrington consiste en ce que la vitesse angulaire de rotation des taches dépend de la latitude, et varie assez continûment avec cette même latitude pour qu'il y ait lieu de représenter la première par une fonction continue de la seconde.

M. Faye croit le moment venu de chercher la véritable expression mathématique de la rotation de la photosphère :

« Pour réussir dans une telle recherche, dit-il, il y a deux conditions de succès : la première, que la loi soit en réalité extrêmement simple, comme l'est, par exemple, la loi de la variation de la pesanteur sur un globe tournant, et non pas complexe comme la loi des mouvements d'une atmosphère sur un corps mi-partie solide et liquide, chauffé par une source extérieure ; la deuxième, que les observations aient une précision suffisante. Cette seconde condition est parfaitement remplie à cause du soin que j'ai eu de n'employer que des taches à rotation complète. 35 taches distinctes, réparties à peu près uniformément en latitude, ayant exécuté 58 rotations complètes, observées en grand nombre de fois à chaque apparition, corrigées de toutes les inégalités périodiques dont j'ai reconnu l'existence, me paraissent remplir les qualités requises de précision. C'est le résultat final de sept années d'observations continues du Soleil dues à l'un des plus habiles observateurs de notre époque.

« La formule la plus satisfaisante est : $m = 6',54 - 157'5 \sin^2\lambda$. L'observateur en conclut que le mouvement angulaire de rotation décroît de parallèle en parallèle, proportionnellement au carré du sinus de latitude ; que cette loi n'est pas purement empirique comme celles qu'on a essayées jusqu'ici, mais qu'elle est l'expression d'un grand fait naturel et qu'elle répond à une constitution physique particulière à la constitution du Soleil.

« L'examen des erreurs montre que la rotation s'effectue exactement de la même manière dans les deux hémisphères. La moyenne des erreurs sur l'hémisphère boréal est $-0',34$; elle est de $+0',45$ sur l'hémisphère austral, mais on voit que ces faibles excès en sens contraires tiennent uniquement à deux mauvaises séries d'observations faites par $+30°$ et $-30°$ de latitude. En excluant ces observations, on ferait disparaître cette petite différence dans les deux hémisphères.

« Quant à la parallaxe, la moyenne, pour l'hémisphère boréal est $0°,415$; pour l'hémisphère austral, $0°,398$, et la moyenne générale des vingt-neuf déterminations est $0°,41$. Pour en déduire la profondeur des taches ou l'épaisseur de la photosphère, il faut en retrancher $0°,11$, qui représentent ici l'effet de l'erreur commise d'ordinaire sur le demi-diamètre du Soleil dans les observations méridiennes. Vu à la distance d'un rayon solaire, le rayon de la Terre sous-tendrait un angle de $\frac{8'',86}{\sin 16'} = 0^{\circ},529$.

« La profondeur des taches est donc $\frac{0,30}{0,529} = 0,57$ du rayon de la Terre.

« Les résultats qui viennent d'être contrôlés par l'ensemble des observations anglaises peuvent être résumées ainsi :

1° Le ralentissement de la rotation de la photosphère, d'un parallèle à l'autre, est proportionnel au carré du sinus de la latitude.

2° La constante de la parallaxe de profondeur applicable aux observations des taches est de 0°,41 ; la profondeur des taches est elle-même de 0°,30 ou de 0,57 du rayon de la terre. Elle est constante dans toute l'étendue observée comprise entre + 30 degrés et — 30 degrés de latitude.

3° Les taches exécutent des oscillations pendulaires en latitude ; la période de ces oscillations varie avec la latitude et paraît atteindre un maximum de 150 à 160 jours vers le 14e degré. A 15 degrés de là, elle se réduit de près de moitié.

4° Les taches ont en longitude un mouvement d'oscillation correspondante de même période, et la combinaison géométrique de ces mouvements s'opère comme si la tache décrivait dans le sens de la rotation une ellipse autour de sa position moyenne, ellipse dont le grand axe est dirigé d'un pôle à l'autre. »

Après cette synthèse de toutes les observations faites sur les mouvements des taches, l'auteur a entrepris celle de l'histoire entière du soleil et de l'histoire générale des astres. Voici le résumé de cette théorie :

Trois phases principales mesureraient l'existence d'un astre. Notre soleil serait maintenant dans sa seconde phase. Voici les principaux caractères de chacun de ces âges. Nous prions nos lecteurs de donner une attention spéciale à l'exposé suivant de ces caractères.

En-dehors des époques cosmogoniques, il y aurait, disons-nous, trois phases à considérer dans le refroidissement d'une masse fluide isolée dans l'espace, animée d'un mouvement de rotation, et portée à une température bien supérieure aux forces d'association physique et chimique des molécules ou des atomes.

1° La phase de complète dissociation (nébuleuses planétaires?) où la chaleur va en décroissant du centre à la périphérie. Cet état est susceptible d'un équilibre particulier : le pouvoir émissif est très-faible ; la lumière est purement superficielle, puisque celle des couches profondes peut être absorbée entièrement par les couches superficielles. Le spectre est probablement réduit à de nombreuses raies brillantes séparées par de larges intervalles obscurs.

2° Refroidissement des couches externes au point où le jeu de certaines affinités moléculaires devient impossible. Formation d'une photosphère, espèce de laboratoire superficiel qui détermine les contours apparents de la masse. Pouvoir émissif considérable pour la chaleur et la lumière. La lumière émise vient d'une profondeur considérable de la photosphère. Le spectre de la phase précédente est interverti. La lumière n'est sensiblement polarisée sous aucun angle d'émergence.

L'énorme flux de chaleur émané de la photosphère est entretenu aux dépens de la masse entière, par le jeu des courants ascendants et descendants qui s'établissent entre les couches profondes et la périphérie, courants impossibles dans la phase précédente. La deuxième phase doit donc occuper un laps de temps considérable, et présenter dans les phénomènes une grande fixité.

Si la photosphère vient à se dissiper localement, la lumière et la chaleur émises se réduisent en ce point dans le rapport des pouvoirs émissifs de la photosphère à celui du milieu gazeux général.

Le mouvement de rotation ne s'exécute pas tout d'une pièce comme dans la phase précédente où la masse fluide s'écarte peu des conditions de l'équilibre : la surface est en retard sur le mouvement de la masse entière ; sous l'antagonisme des forces qui troublent cet équilibre, les phénomènes superficiels peuvent revêtir le caractère de l'intermittence.

3o Lorsque, par les progrès du refroidissement, les courants verticaux commencent à se ralentir, lorsque la masse entière successivement contractée a une densité moyenne suffisante (à laquelle le soleil est loin d'être parvenu), la photosphère devenue très-épaisse prend à la surface une consistance liquide ou pâteuse et finalement solide. Alors la communication avec la masse centrale est interceptée, le refroidissement de cette masse ne s'opère plus guère que par la simple conductibilité d'un liquide plus ou moins pâteux; celui de la croûte liquide ou solide fait des progrès rapides à la superficie; la rotation qui s'est accélérée se régularise; les phénomènes des taches et des facules ont disparu, et la figure est celle qui convient à une masse fluide en équilibre sous l'action des forces intérieures. L'intensité de la radiation baisse rapidement; la lumière émise obliquement est fortement polarisée; le spectre précédent ne change pas essentiellement d'aspect, mais il ne présente que les raies noires dues à la couche atmosphérique, laquelle est désormais distincte du corps même de l'astre : le spectre des bords diffère notablement du spectre central par le nombre et l'obscurité des raies. Puis viennent les phénomènes de l'extinction définitive. C'est là la phase géologique.

Ce tableau ne serait-il pas la première ébauche, encore bien grossière sans doute, d'une réponse rationnelle à cette question franchement posée par M. Carrington : *What is the Sun?* ou à cette autre plus générale : *What is a star?*

Arrêtons-nous un instant au début de la troisième phase, c'est-à-dire à la période de liquidité. Cette période est purement transitoire; elle ne saurait avoir une longue durée, tandis que la deuxième phase, pendant laquelle presque toute la masse contribue à l'émission de lumière et de chaleur qui s'effectue par la photosphère, peut durer des millions d'années si la masse est considérable comme celle de notre Soleil. Il paraît donc physiquement impossible que les étoiles, eussent-elles été formées au même instant, soient aujourd'hui parvenues toutes à la fois à cette période très-particulière de liquidité si voisine de l'extinction définitive. Dieu merci ! la création entière n'est pas menacée d'une fin si prochaine.

V.

LA LUNE. CHANGEMENT PROBABLE ARRIVÉ SUR LA LUNE. LE CRATÈRE DE LINNÉ.

Jusqu'à notre époque la Lune a été généralement considérée par les astronomes comme un corps mort, d'où la vie serait absolument éteinte. A de rares intervalles, on avait cru pouvoir signaler des marques de mouvements survenus à sa surface, comme W. Herschel, le 19 avril 1787 ; comme Wilkins, le 3 mars 1794 ; comme Lalande et Laplace, qui croyaient à l'existence de volcans en ignition à la surface de la Lune ; et comme plus récemment M. Robert Hart, le 27 décembre 1854, et MM. Webb et Birt, le 4 mai 1864. Nous n'avions pas cru devoir accepter ces rares témoignages avant que des observations très-précises ne vinssent les confirmer (*). Mais voici une nouvelle observation qui a fait pencher plusieurs astronomes en faveur de la vie lunaire. Un changement paraît être survenu dans un petit cratère. Nous l'avons spécialement étudié, en même temps que plusieurs observateurs, et nous avons présenté nos observations à l'Institut par la communication suivante :

« Le fait d'un changement réel, survenu actuellement à la surface de notre satellite, m'a paru assez

(*) Voir *Études et Lectures sur l'Astronomie*, t. I, p. 92.

important en lui-même pour m'engager à présenter à l'Académie le résultat d'observations attentives sur ce point. C'est la première fois qu'on aura constaté avec certitude l'existence d'actions géologiques à la surface de la Lune. Dans la mer de la Sérénité, vaste plaine si remarquable au point de vue de la sélénographie par sa surface uniforme, unie comme une mer de sable et dépourvue de grands cratères, on remarque dans la région méridionale, vers le centre, un cratère régulier, Bessel, plusieurs petits, disséminés un peu plus bas, une traînée blanche partant de Ménélas et traversant une partie de la plaine jusqu'au lac des songes, et au sud-est un cratère bien défini : Sulpicius Gallus. A l'est on remarquait un autre *cratère,* Linné, analogue au dernier.

« On sait que ce cratère de Linné a récemment disparu, ou plutôt a subi une modification essentielle. M. Jules Schmidt, d'Athènes, ayant appelé l'attention sur ce point, j'ai pensé que l'examen devait surtout avoir pour but de constater si le relief et la cavité centrale (que l'on voit dans tous les cratères lunaires) avaient entièrement disparu pour celui-ci. J'ai donc choisi le moment où le Soleil se lève au méridien de Linné, pour l'étude de cette localité. Les conditions atmosphériques de la seconde semaine d'avril ont été trop défectueuses pour permettre des observations rigoureuses. Il n'en a pas été de même ce mois-ci. Dès le troisième jour de la Lune, l'air a été d'une transparence éminemment favorable.

« J'avais constaté, au mois d'avril, qu'au lieu du cratère, se distinguait un *nuage blanc* à peu près circulaire. Le 6 mai (de 8h 40m au coucher de la Lune), la nouvelle Lune ayant eu lieu le 4 au matin, j'examinai avec divers grossissements, dans la partie obscure de la Lune, le point où se trouve Linné, afin de reconnaître s'il n'y aurait pas en cette région quelque apparence d'action volcanique. Aucune espèce de lueur ne s'y montrait. Ce pays offrait la même teinte d'ombre que le reste. Dans le quartier nord-est du satellite, on percevait une faible lueur, très-sensible toutefois. Cette clarté pâle occupait la région d'Aristarque, et sans doute n'est qu'un simple effet de la lumière cendrée. Il est bon d'ajouter néanmoins que, cette nuit, la clarté était plus intense qu'elle ne le paraît en général.

« Le 7 mai, quatrième jour de la Lune, de 9 heures à 10h 30m (coucher de la Lune à 10h 57m), j'observai de nouveau la région de Linné, sans distinguer la plus faible lueur. La clarté remarquée la veille près d'Aristarque gardait la même intensité.

« L'état du ciel pendant la soirée du 8 ne permit aucune observation. Le 9, le ciel s'éclaircit vers 11 heures et permit quelques études. Mais la meilleure soirée pour le point qui nous occupe fut celle du 10.

« Le Soleil, n'étant encore élevé que de quelques degrés au-dessus de l'horizon de Linné, éclairait très-obliquement l'orient de la mer de la Sérénité. On distinguait parfaitement les petites irrégularités du terrain. Au sud, les cratères circulaires de Pline, Ménélas, Bessel, Sulpicius Gallus, manifestaient à la fois leur relief et la profondeur de leurs cavités centrales. Au sud-est, le Soleil illuminait le commencement de la chaîne des Apennins, et au nord-est faisait magnifiquement ressortir les montagnes irrégulières du Caucase, sur lesquel les rayonnaient Taygète, Callippus et Eudoxe. Enfin, la limite de l'ombre était échancrée en cette contrée par les sommets circulaires de Cassini, Antolycus et Aristillus.

« Une observation attentive montre immédiatement que Linné *n'est plus un cratère*. Aucune ombre extérieure à l'est, aucune ombre au centre. En sa place, il n'y a plus maintenant qu'une nuée blanche circulaire, ou plutôt une tache blanche attenant au sol, laquelle, loin de s'élever comme un cratère sur le fond un peu verdâtre de la mer de la Sérénité, paraît n'être ni en relief ni en creux, et ressemble à un *lac* plus clair que la plaine avoisinante.

« En raison de l'inclinaison du Soleil, on peut affirmer que ce cratère est descendu au niveau de la plaine, ou que la plaine s'est exhaussée aux environs jusqu'à son niveau. L'intérieur paraît également rempli, car on n'y distingue aucune ombre ; tandis que les cratères plus petits que lui, tels que A et B de Bessel, A et B de Linné, et ceux qui avoisinent Posidonius, laissent facilement apercevoir un centre noir. Si Linné avait eu cet aspect à l'époque où Beer et Mædler ont construit leur *Mappa selenographica,* il est impossible qu'ils l'eussent indiqué comme un cratère.

« Il est probable toutefois que ce cratère n'était pas très-élevé, car je remarque qu'aucun astronome n'a donné sa hauteur. Beer et Mædler s'en sont abstenus. Arago a laissé subsister cette lacune sur sa liste. Dans la carte construite sous diverses inclinaisons il y a huit ans, par Lecouturier, la hauteur n'est pas indiquée davantage. Il paraît qu'il était très-profond, mesurait 10,000 mètres de diamètre, et servait de point fixe pour les mesures de Lohrmann et de Mædler.

« Plusieurs hypothèses se présentent pour expliquer le phénomène. Mais, dans l'ignorance en laquelle nous nous trouvons sur les forces qui peuvent être en action dans le monde lunaire, je ne me hasarderai à en exprimer aucune. M. Jules Schmidt a déjà discuté ce point dans les *Monthly Notices* et dans une Lettre publiée par M. Quetelet au *Bulletin de l'Académie de Belgique*.

« Le 11 mai, le Soleil étant plus élevé, j'avais exactement pour Linné le même aspect que la veille. La soirée du 12 fut pluvieuse. Le 13, l'atmotsphère d'une grande pureté permettait de distinguer dans la Mer de la Sérénité une multitude de petits cratères disséminés. La plaine était brillante, Linné avait le même éclat relatif.

« Vers l'époque de la pleine Lune, Linné offre le même éclat que les montagnes lunaires, et l'on serait porté à croire qu'il a gardé son relief au-dessus de la plaine sablonneuse, si l'on n'avait soin de se convaincre du contraire par des observations faites au lever et au coucher du Soleil.

« On peut donc penser maintenant que notre satellite n'est pas un monde entièrement mort, et que des mouvements assez sensibles pour être vus d'ici s'accomplissent par intervalles à sa surface. »

Telle est la communication que M. Delaunay nous a fait l'honneur de présenter en notre nom à l'Académie des sciences dans la séance du 20 mai 1867. En même temps que nous observions à Paris, nous avions écrit à plusieurs astronomes de vouloir bien étudier les mêmes soirs les mêmes points de la Lune. Nous avons eu le plaisir de recevoir confirmation de nos résultats par M. Quételet, directeur de l'Observatoire de Bruxelles, par M. Lescarbault d'Orgères et par M. Chacornac, de Villeurbane près Lyon. Voici au surplus l'observation de ce dernier astronome.

« Le cratère Linné ne présente actuellement aucune ombre intérieure accusant une cavité ou un rempart. Mais on distingue très-nettement, sur le bord de *Mare serenitatis*, une sorte de cratère rayonnant, à peu près de la grandeur que Lohrmann et Mædler lui ont donnée sur leur carte lunaire ; la différence de son éclat avec celui de *Mare serenitatis* permet de le distinguer encore sans difficulté.

« S'il est vrai, comme l'a décrit Lohrmann, que c'était un cratère profondément sculpté dans la plaine représentant l'aspect d'un creux rond comme un pot, il est incontestable que ce cratère s'est effacé et qu'il n'en est resté qu'une surface blanche, qu'un disque d'où partent des rayons divergents. Cet aspect donne à ce genre de cratère de la ressemblance avec une *gloire* de saint.

« Dans les dessins de cet astronome, on ne remarque pas cette apparence rayonnée que j'ai observée hier et qui est en tout identique à celle du petit cratère N que Cassini observa pour la première fois le 21 octobre 1621, et qui est situé entre les cratères de Vattier, Kell et Lexell, sur le parallèle de Gauricus.

« Une dernière éruption dans le vide effaça donc ce

cratère en comblant le creux et en annulant les remparts en forme de bourrelet. Cet important phénomène montre que l'activité volcanique de notre satellite persiste encore. »

D'un autre côté, M. Jules Schmidt, directeur de l'Observatoire d'Athènes, avait écrit à M. Birt, membre de la Société royale astronomique de Londres, la lettre suivante : « Depuis quelque temps, j'ai observé qu'un cratère de la Lune, situé dans la plaine *Mare serenitatis*, n'est plus visible ; ce cratère, nommé *Linné*, par Mædler, est désigné par la lettre A (sect. 4), sur la carte de Lohrmann. Je le connais depuis 1841, et même en pleine lune il n'était pas difficile de l'apercevoir ; en octobre et en novembre 1866, à l'époque du maximum de son apparence, c'est-à-dire un jour avant le lever du soleil à son horizon, il était entièrement disparu ; seulement une petite tache blanchâtre se trouvait à sa place. »

Il est à peu près certain, ajoute-t-il, que des changements se sont déjà opérés sur ce cratère dont l'éclat comparatif varia selon les chiffres suivants : 5 novembre 1788, obs. Schrœter. 0°5 ; 28 mai 1823, Lhormann, 7° ; 12 décembre 1831, Beer et Mædler, 6° ; 22 février 1858, De la Rue, 5° ; 4 octobre 1865. Rutherford, 6° ; 18 novembre 1866, Burckingham. 2°. Les quatre dernières déterminations d'éclat ont été données par la photographie. Schrœter, dans la planche IX de ses *Selenotopographische Fragmente*, donne une large tache sombre au lieu de *Linné*, et Russell, en 1797, ne l'indiqua pas sur sa carte.

Une lettre de M. Haidinger, de Vienne, à M. Quételet,

directeur de l'Observatoire de Bruxelles, nous a apporté, au mois de février dernier, des détails sur l'observation de M. Schmidt.

Cet astronome avait été frappé, en observant la Lune, le 8 octobre 1866, de la disparition complète d'un des cratères de la tache *Mare serenitatis*; ayant continué à observer cette partie de la Lune pendant les mois d'octobre, novembre et décembre, et même jusqu'au 25 janvier 1867 sous les élévations du Soleil les plus avantageuses, de 2° à 20°, il ne put jamais découvrir l'apparence d'un cratère; le seul objet que l'on pouvait observer était une sorte de tache blanchâtre, ou une surface plane, sans ombres, pendant les phases. On distinguait très-facilement des cratères bien plus petits dans le voisinage. Le cratère Linné, d'un diamètre de 5 à 6 mille toises (9,750 à 11,695 mètres), servait de point fixe de premier ordre pour les mesures de Lhormann et de Mædler. M. J. Schmidt l'a enregistré dans ses dessins de la surface de la Lune pendant les années 1841 et 1843. Depuis 1840, il a formé une collection d'études de cet astre contenant 95 phases entières, dessinées d'après la méthode d'Hélévius et au delà de 1,200 esquisses partielles toutes inédites, excepté cinq d'entre elles. Des phases avaient été observées par lui, pendant qu'il était encore à Berlin (sa ville natale) au moyen d'une lunette de Dollond, agrandissant quinze fois et précisant les objets avec une grande netteté. Il a eu l'avantage, depuis, de se servir d'instruments plus énergiques, de réfracteurs de 4 à 14 pieds de distance focale, à Hambourg, à Bilk, à Bonn, à Berlin, à Olmutz et à Athènes. M. Schmidt relève, dans son mémoire, une liste complète de toutes les observations enregistrées sur ce cratère depuis 1788, d'après les publications de Schrœter, de Lhormann et de Mædler, et il y ajoute ses observations personnelles, très-nombreuses, jusqu'à la date du 15 janvier 1867.

Il ne peut rester aucun doute, dit M. Haidinger, sur ce fait que la surface de la Lune est encore sujette à des changements non-seulement apparents, mais bien réels. Mais quelle est leur source, de quelles causes ces changements pourraient-ils dépendre? En supposant un point de vue plus général, M. Schmidt fait ressortir les diverses hypothèses que l'on pourrait se former sur ces changements. On ne pourrait supposer qu'il y ait eu une éruption de vapeurs ou de cendres volcaniques. La fumerole ainsi produite devrait être projetée en ombre au lever et au coucher du soleil, mais on n'en aperçoit rien, ainsi que pendant les phases. Le cratère ne pourrait non plus s'être affaissé, parce qu'alors on pourrait découvrir des ombres beaucoup plus considérables pendant la phase. Il pourrait y avoir eu une éruption de substances liquides ou pulvérulentes, dont le cratère se serait rempli sans déborder. Mais alors, cependant, l'ombre extérieure continuerait d'exister pendant que l'ombre intérieure aurait disparu. Une observation de cette sorte a été faite, en effet, sur le cratère central de *Posidonius*, tant par Schrœter, en 1796, que par M. Schmidt, au mois de février 1849. Mais il serait possible aussi qu'une masse liquide ou pulvérulente de cette sorte débordât du cratère et entourât la montagne d'un dépôt à déclivité insensible. Dans cette supposition l'ombre extérieure disparaîtrait. Les phénomènes observés sur la Lune montraient alors la plus grande analogie avec les éruptions boueuses de la Chersonès de Jaman, si bien décrites par le célèbre Abich.

L'astronome d'Athènes fait valoir encore une observation par rapport à certains dépôts lunaires en forme d'auréoles, collets ou fraises entourant des monticules, assez nombreux surtout dans les dépressions ou bassins nommés mers. Ces apparences paraissent être d'une grande importance pour les études à faire.

Dans sa lettre à M. Haidinger, M. Schmidt écrit que M. W.-R.Boit, de Londres, a constaté de son côté la justesse de son rapport et que le *Lunar committee* a bien voulu l'honorer de l'attention la plus particulière.

L'observation assidue du directeur de l'Observatoire d'Athènes a été couronnée d'un succès que Mædler entrevoyait et auquel il vouait la plus grande attention, mais sur lequel il s'était vu forcé d'avouer que jusqu'à présent, bien qu'on se soit donné les plus grandes peines, on n'avait point réussi à obtenir un résultat positif.

A Rome, le P. Secchi voulut observer lui-même le cratère. Le 10 février, entre 9 et 10 heures du soir, le cratère entrait dans la lumière du soleil, et on remarquait près du cercle limite un petit point proéminent avec une petite ombre, et autour de ce point une couronne irrégulièrement circulaire, très-aplatie. La faiblesse de la lumière et la proximité de la lune à l'horizon ne permirent pas au savant directeur de prolonger les observations.

Le lendemain, *Linné* était déjà assez avancé dans la lumière, et, à 7 heures du soir, on voyait nettement un très-petit cratère, environné d'une éclatante auréole blanche, qui brillait franchement sur le fond sombre du *Mare serenitatis*. La grandeur de l'orifice du cratère était de 1[3 de seconde au plus, et l'auréole plus large que *Sulpicius Gallus*. Le P. Secchi insiste sur cette comparaison, comme faisant voir que Beer et Mæedler, dans leur carte, n'auraient jamais figuré un cratère aussi grand et aussi net que celui qu'ils assignent à Linné, pour une tache blanche comme celle qui existe actuellement et dont le cratère est beaucoup plus petit que celui de *Sulpicius Gallus* et même des autres cratères indiqués seulement par des lettres dans le *Mare serenitatis*.

Il est certain qu'il y a un changement dans la Lune; d'après le directeur de l'Observatoire du collége romain, il serait probable qu'une éruption ait rempli l'ancien cratère de matières blanchâtres qui le font paraître plus clair que le fond de la mer qui l'environne.

Dans une communication adressée par le même à l'Académie dans la séance du 3 juin, l'astronome ajoute que l'aspect du cratère varie en se servant de grossissements supérieurs (500 fois) diminuant l'irradiation, et qu'il est fort probable que le cratère n'est pas entièrement disparu quoiqu'il ait subi un changement.

L'Observatoire de Paris ne s'était pas encore occupé de cette question débattue par plusieurs astronomes, et n'avait encore fait connaître aucune observation à cet égard, lorsque M. Le Verrier présenta le 17 juin à l'Institut une note sur l'observation d'un de ses astronomes, M. Wolf. Cette note conclut à dire que le cratère de Linné est un point fort mal connu, et qu'il est difficile de savoir s'il y a eu vraiment changement. D'un autre côté, une illusion due aux brouillards de l'atmosphère a peut-être favorisé une erreur d'optique. M. Le Verrier, dans les conséquences qu'il a tirées, a été plus loin que l'auteur et a cru pouvoir trancher la question par la négative ; « mais M. Elie de Beaumont, dit à ce sujet la *Presse scientifique des deux Mondes*, a combattu énergiquement et avec succès cette manière de voir en faisant remarquer que les observations de MM. Flammarion et Chacornac, habitant l'un Paris et l'autre Lyon, sont presque identiques sur les phénomènes cités, et ont été exécutées presque en même temps sans que l'un des observateurs ait connu les résultats obtenus par l'autre; de plus, comme ajoute M. Elie de Beaumont, de ce que le cratère n'a pas disparu, cela ne veut pas dire qu'il n'y ait pas eu de phénomènes éruptifs. Les cratères du Vésuve ont été retrouvés après chacune des éruptions, attendu que d'autres astronomes de divers pays ont également signalé le changement. Or, comme on ne peut affirmer que la vie géologique soit plus arrêtée dans la Lune que sur la terre, rien ne porte donc à rejeter la possibilité de changements survenus dans notre satellite. De ce que l'Observatoire ne les a pas distingués tout d'abord, cela ne veut pas dire qu'ils n'aient pas eu lieu. »

Ce chapitre sur *la Lune* sera clos par les ingénieuses déductions que notre ancien collègue M. Chacornac a tirées de ses propres observations sur les accidents généraux de la surface lunaire.

Cet astronome a récemment étudié de nouveau l'aspect des divers régions de l'hémisphère visible de notre satellite, aussi bien l'aspect des régions montagneuses que celui des plaines décorées du nom de mers ; il a essayé de faire la sélénologie de l'astre. C'est à la Société impériale d'agriculture de Lyon que son travail a été présenté. Voici les premiers points de l'observation :

Lorsque le Soleil éclaire, à son coucher, des corps terrestres situés au sein d'une plaine, on sait que l'ombre projetée est beaucoup plus étendue que la hauteur même de ces saillies ; et, pour citer un exemple en passant, il est des steppes de l'Asie centrale dont l'uniformité et la blancheur du sol sont telles, que le Soleil couchant agrandit l'ombre visible d'un homme dans la proportion visible de un à cent. Or, cette classe de phénomènes doit être d'autant mieux utilisée dans l'observation de la surface lunaire, que notre satellite est complétement dépourvu d'atmosphère sensible, et que les ombres des cavités ou des protubérances ne sont accompagnées d'aucune pénombre apparente.

Par l'observation de ces ombres, on peut reconnaître des monticules qu'il serait impossible d'observer directement. Or, la surface lunaire est essentiellement divisée en régions volcaniqnes ou montagneuses, criblées d'aspérités, et en régions maritimes, dont l'aspect est comparable à celui du plâtre coulé, ou, mieux encore, à celui d'une immense plaine de boue desséchée. Les premières possèdent un pouvoir réfléchissant de beaucoup supérieur aux secondes.

La différence caractéristique de ces régions peut fournir des indices sur les causes sélénologiques auxquelles elle est due. Tandis que d'un côté on n'observe qu'une immense agglomération de vastes cratères déprimés, dont le fond est souvent inférieur à celui des plaines avoisinantes; d'un autre côté, les mers n'offrent que de vastes plaines, entrecoupées quelquefois de collines semblables aux lignes de sable soulevées par les vagues de nos marées, sur les vastes plages sablonneuses. Ce caractère ne laisse aucun doute sur la nature des sols émergés. Sur ce terrain, qu'on peut nommer primitif, on remarque quelquefois d'immenses cirques, dont les crêtes seules dépassent le niveau de la plaine de plusieurs centaines de mètres; ils offrent ainsi des remparts circulaires, derniers vestiges visibles des grands cratères ensevelis. Or, ces cirques sont entaillés de brèches considérables, qui permettent de suivre le niveau du sol maritime pénétrant dans leurs enceintes, et de remarquer qu'il n'offre pas la moindre ondulation. Ce sont les restes d'un archipel envahi par une masse liquide.

Au sein des continents, on remarque aussi des cratères à fond plat, dont les pitons, à moitié émergés de dessous la masse sédimentaire, attestent que le volcan a été envahi par le sol maritime. On observe encore des cratères de même nature, où toutes les traces de pitons centraux ont disparu sous d'épaisses couches de sédiment.

Le cratère *Schikard* du sud-est donne un exemple des proportions gigantesques qui caractérisent ce genre de formation spécial à notre satellite. La plaine de son fond a plus de 65 lieues de diamètre. Cette immense surface présente ainsi l'apparence d'un désert sans bornes, au sein duquel un observateur se trouvant placé n'apercevrait aucun vestige de l'enceinte, bien que celle-ci, dans la région nord, atteigne plus de 3,200 mètres d'élévation.

Enfin, pour une grande quantité de cratères de ce genre, on observe qu'une partie de leurs enceintes a disparu sous l'influence éruptive d'un autre volcan, dont le centre a surgi sur les bords mêmes de celle-ci. Les dimensions du plus récent sont toujours inférieures à celles du premier.

Les remarques succinctes qui viennent d'être énumérées ont servi de base à M. Chacornac, pour lui faire établir trois périodes sélénologiques bien tranchées :

La période primitive serait celle durant laquelle sont apparus ces immenses soulèvements en vessie qui ont donné lieu à des enceintes cratériformes de plus de trois cents lieues de développement, et sur lesquelles on reconnaît facilement les traces non équivoques de circonvallations enchevêtrées.

A cette formation aurait succédé l'époque de cet épanchement ou diluvium général, qui donne lieu à des dépôts d'un caractère analogue à celui des nappes qui couvrent nos plaines d'alluvion. Cet épanchement aurait enseveli sous une masse brune plus des deux tiers de la surface visible de l'astre, le fond de tous les grands cratères, en s'étalant d'une extrémité de l'hémisphère à l'autre, sensiblement sur un même niveau.

Postérieurement à cette seconde époque serait survenue, dans toutes les directions, au travers de tous les terrains, cette multitude de petits cratères profonds, dont la configuration spéciale est en forme de puits coniques et dont les phénomènes éruptifs ont été complétement à l'abri de tous ces dépôts d'alluvion.

Tel serait le mode de formation de la surface lunaire. En terminant l'auteur émet l'opinion que l'origine de ce grand diluvium serait la précipitation des gaz non permanents de son atmosphère ; on comprend, en effet, que notre satellite parvenu à un certain degré de refroidissement, la pression atmosphérique favorisât la précipitation des gaz et des vapeurs qui se seraient répandus sous forme de pluie sur tous les points de la surface et auraient ainsi comblé les grands cratères fermés de toutes parts, tandis que ceux de l'époque postérieure à la consolidation de ses fluides auraient été complétement à l'abri de tout dépôt sédimentaire.

VI.

ÉCLIPSES. — ÉCLIPSE DE SOLEIL DU 25 AVRIL 1865.

Nous devons à M. Emmanuel Liais la transmission des observations faites au Brésil sur l'éclipse totale de soleil, invisible à Paris, du 25 avril 1825.

Le président du Corps législatif du Brésil, M. le baron de Prados, est l'auteur de cette relation. Commençant par noter qu'au palais impérial de Saint-Christovar, l'Empereur du Brésil, *Dom Pedro II*, dont le savoir et la protection pour les sciences sont universellement connus, a noté le premier contact intérieur qui a eu lieu à 10 h. 24 m. 7 s. 3 en temps moyen de l'Observatoire, où le chronomètre du palais avait été comparé. Le mauvais temps a empêché la plupart des observations en ce point, des nuages ayant couvert la région des astres au moment même où la totalité venait de commencer. A l'Observatoire, l'éclaircie a permis de bien voir la couronne.

La vile de Rio de Janeiro a été traversée par la limite même de la totalité.

« Je me suis rendu à Rio de Janeiro quelques jours avant l'ouverture des Chambres (M. le baron *de Prados* est président du Corps législatif au Brésil. Il habite ordinairement Barbacena, où il a fait construire à ses frais et entretient un vaste hôpital pour les pauvres. Reçu médecin à Paris, dans sa jeunesse, il dirige lui-même cet établissement. Les Chambres ouvraient le 3 mai, ou huit jours après l'éclipse. C'est ce qui explique la première phrase de la lettre) afin de pouvoir observer l'éclipse du 25 de ce mois.

« Malheureusement, le jour de l'éclipse, le ciel se maintint couvert jusque vers l'heure du premier contact. Lorsqu'on put observer le soleil, son disque était déjà entamé par la lune, de sorte que le premier contact a été perdu. Le dernier contact extérieur, le seul que l'on put observer avec quelque exactitude, a eu lieu, d'après les observateurs qui étaient à l'Observatoire impérial, et au nombre desquels je me trouvais, à 11 h. 54 m. 5 s.

« Etant au grand réfracteur méridien qu'on avait déplacé pour pouvoir le pointer sur le soleil, j'ai pu suivre les quelques particularités physiques qu'il m'a été donné d'observer.

« L'éclipse n'a pas été tout à fait totale à l'Observatoire. Un filet de lumière qui prit la forme en chapelet, au moment du phénomène, empêcha peut-être que l'on pût voir tous les détails de la couronne. Celle-ci se manifesta pourtant pendant quelques instants dans toute sa splendeur. Voici les particularités que j'ai pu remarquer pendant la courte durée du phénomène. Au moment où le filet lumineux prenait la forme en chapelet, le bord occidental de la lune présentait un magnifique anneau de quelques secondes de largeur et d'un bleu violet. La régularité était parfaite. C'était plutôt un trait lumineux d'un effet admirable.

« Rien de semblable ne se manifesta du côté du bord oriental. L'anneau de la couronne était cependant bien terminé d'un blanc de perle parfait, excepté du côté oriental où le filet de lumière solaire lui donnait la teinte ordinaire de l'atmosphère, près du bord du soleil. Cinq faisceaux de rayons parallèles sans entrelacement aucun, d'une blancheur parfaite, partaient presque normalement du bord de l'anneau de la couronne. Aucun de ces faisceaux ne me semblait contigu au bord lunaire.

« Si l'on excepte le trait bleu violacé qui se manifesta sur le bord occidental de la lune au plus fort de l'éclipse, je n'ai rien aperçu qui ressemblât à ces flammes ou protubérances que l'on remarque presque constamment dans les éclipses totales, à moins que l'on ne suppose comme tel ce magnifique trait lumineux d'un bleu violacé, dont je vous ai parlé. Peut-être que le peu de durée de l'éclipse et l'illumination, quoique faible, du bord oriental du soleil, ont empêché de les distinguer dans notre station. Nous verrons ce que nous diront à cet égard les expéditions de Santa Catharina et du cap Frio? (Des lettres de date postérieure à celle de M. le baron *de Prados*, ont appris que ces deux expéditions ont rencontré des mauvais temps qui ont empêché les observations.)

« Malgré l'instantanéité du phénomène, j'ai cherché à vérifier l'existence de la polarisation de la lumière de la couronne. A cet effet, je me suis servi du polariscone à bandes colorées de *Savart* et celui de M. *Babinet*. C'est avec le premier instrument que j'ai le mieux reconnu la polarisation. Les bandes se sont bien colorées en le dirigeant sur la couronne. La coloration a même été assez sensible pour que je ne puisse admettre ici l'intervention de la polarisation atmosphérique, ou elle était imperceptible lorsqu'on dirigeait l'instrument sur le centre lunaire. Il va sans dire que l'atmosphère était fortement polarisée dans toutes ses régions, pendant la durée du phénomène, de la manière dont elle l'est à l'ordinaire. Une circonstance qui se manifesta avec assez de netteté, fut la visibilité du bord lunaire hors du disque solaire, même pendant la première phase de l'éclipse. Du reste, *Arago* l'avait déjà remarqué en 1842 et vous l'avez aussi fait voir dans votre observation de 1858 pour les épreuves photographiques, et en faisant tomber l'image solaire sur la glace dépolie.

« J'ai observé avec soin, pendant toute la durée de l'éclipse, la surface solaire qui montrait le plus grand calme dans la photosphère. Pas une tache remarquable: les facules était à peine sensibles dans l'instrument.

« Si les observations de Santa-Catharina et du cap

Frio constatent l'absence des protubérances, l'opinion, qui les suppose formées par les courants ascendants des vapeurs solaires qui entraînent alors par leur impulsion la couche nuageuse extra-photosphérique et dont l'élévation violente produit les protubérances, trouvera ici un fort argument en sa faveur. La photosphère était tranquille, et seulement une ligne lumineuse et bleue violacée, une véritable couche de niveau se faisait apercevoir. J'ai cherché avec soin l'existence des ombres mouvantes. Rien de constaté, quoiqu'un très-grand nombre d'élèves de l'Ecole centrale qui se trouvaient alors à l'Observatoire eussent les yeux fixés sur les parois blanches de la coupole, favorablement disposée pour l'observation. Le ciel était si nuageux, que l'on ne put apercevoir dans notre station que la planète Vénus. Cependant les habitants des quartiers qui sont plus au sud, ont, disent-ils, aperçu plusieurs étoiles de première grandeur. (Au sud de la ville de Rio de Janeiro l'éclipse était complétement totale, d'après d'autres informations.) La couleur plombée tirant sur le violet prédominait dans l'air et sur la mer, qui ressemblait à du plomb fondu.

« Les animaux de basse-cour ont manifesté les phénomènes ordinaires et dont on a tant de fois parlé. Les poules ont cherché leur dortoir. A l'ordinaire, quelques animaux ont manifesté l'étonnement plutôt que la frayeur. Je n'ai rien entendu dire d'extraordinaire relativement aux chevaux et mulets de service dans les rues de Rio Janeiro. Les observations météorologiques ont présenté les mêmes anomalies qu'on a déjà remarquées en 1858, c'est-à-dire que le minimum de la température ne répondit pas au maximum de l'éclipse. La température commença par monter immédiatement après le commencement du phénomène pour descendre après jusqu'au plus fort de la phase, où cependant elle s'arrêta à 24° 3 centigrades. Avant l'éclipse, le même thermomètre marquait 24° 7. Il arriva la même chose avec le baromètre qui commença par monter au commencement de l'éclipse et ne baissa qu'à partir de 9 h. 40 m. pour atteindre le minimum au plus fort de l'obscurité. N'ayant remarqué rien de bien intéressant quant aux autres phénomènes météorologiques, je me borne à ces simples indications. »

Si l'on compare cette relation à celle d'Arago sur l'éclipse de 1842, on remarquera qu'elle confirme une partie des remarques adressées à l'auteur de l'*Astronomie populaire*, ou faites par lui-même à Perpignan.

Aux observations faites pendant l'éclipse du 25 avril par les astronomes du Brésil, comparons celles qui furent faites au Chili par le P. Cappelletti, et qui ont été récemment communiquées à l'Académie des sciences par le P. Secchi (1). Voici les points particuliers de cette observation attentive et judicieuse :

« La première impression que je reçus, dit le P. Cappelletti, après la disparition du soleil, fut celle d'une immense montagne de feu en forme de corne, de couleur rose, à 57° du zénith, vers le nord-ouest. Je pus observer cette protubérance pendant tout le temps que l'éclipse resta totale, c'est-à-dire pendant 2 m. 22 s.

(1) On a imprimé, par erreur, dans les *Comptes rendus*, 5 avril au lieu de 25 avril.

Presque diamétralement opposée à celle-ci, il y en avait une autre plus petite, d'une couleur un peu plus claire et de la même forme; sous la corne il y avait un nuage de même couleur. J'estimai la première à 2′ 40″ de hauteur, et la seconde à 2′ 00″. Cette deuxième était à peu près de 30° de l'est au sud. Après 38 secondes de temps (à peu près) commença à paraître une série de flammes colorées, de telle sorte que le Soleil paraissait être en feu et me fit l'impression d'une traînée de poudre qui prend feu successivement avec grande vitesse. Cet arc rose avait 90° d'étendue. C'est là sans doute le filet lumineux en forme de chapelet du baron de Prados. La forme, comme on peut le voir dans ma figure, est en effet celle d'un chapelet, mais il y avait des grains allongés, deux terminés en pointe, et quelques-uns ondulés. La lumière de ces protubérances était très-vive, et je fus surpris de voir au-dessus d'elles un point isolé coloré en rose vif. Je l'appelle point à cause de son extrême petitesse. Du côté oriental, je n'aperçus aucune protubérance, sans doute à cause de ma position oblique par rapport aux centres des astres des centres. Je n'en dirai pas plus sur les protubérances. »

Lorsque le soleil disparut, trois faisceaux de lumière se montrèrent dans une direction normale au bord de la Lune. Le plus lumineux d'une clarté telle qu'il blessait la vue dans la lunette, était dans la même position que la grande protubérance, avec cette particularité que, du côté de l'ouest, il était coupé droit selon la prolongation du diamètre lunaire; de l'autre côté, il était terminé non en forme ronde, mais en plan incliné. L'autre faisceau était presque diamétralement opposé au premier, il faisait avec la deuxième protubérance un angle de 10 à 15°: il était moins lumineux que l'autre et se terminait par des bords arrondis. Le troisième faisceau occupait, par rapport aux deux autres, le sommet d'un triangle isocèle, et était assez faible. De ces faisceaux, les commissaires du gouvernement n'en virent que deux, mais à Rio Janeiro on en vit cinq... Je quittai pendant un instant la lunette, dit l'observateur, pour voir le grand spectacle autour de moi: il était grandiose ! L'obscurité était un peu plus forte que je ne m'y attendais, peut-être à cause du brouillard. Elle était environ celle d'une heure après le coucher du soleil; tout autour de moi avait pris une teinte verdâtre qui faisait horreur. Un arc irisé parut à la distance de plus de 30° du soleil,, et disparut quand l'éclipse cessa d'être totale. Cet arc était en forme de croissant, ses extrémités s'appuyaient sur une ligne tangente au bord inférieur du Soleil. L'axe de cet arc formait un angle de 50° environ avec la direction du grand noyau lumineux. Les habitants de la Conception observèrent directement la marche de l'ombre sur le brouillard, ce qui excita chez eux un sentiment de frayeur. On vit plusieurs étoiles de première et de deuxième grandeur : chez les animaux on ne remarqua rien de particulier, si ce n'est que le coq chanta au commencement de la totalité, et de nouveau lorsque le soleil reparut. Les poules, pendant l'obscurité, se retirèrent à leur abri et sortirent immédiatement après au retour de la lumière. Les opérations des photographes échouèrent complétement, sans doute à cause du brouillard, qui empêcha même de prendre de bonnes phases pendant le reste de l'éclipse.

Ce qui surprit le plus au moment de l'apparition du premier rayon du Soleil fut de voir son bord ondulé. Ce bord paraissait comme l'Océan près du cap Horn, avec ses vagues immenses. Les protubérances disparurent, mais la couronne resta encore visible pendant 36 secondes. Il est remarquable que pendant l'éclipse totale la Lune était environnée d'un anneau de lumière d'un blanc d'argent, après lequel venait la couronne de rayons; ce blanc faisait un contraste singulier avec le noir du corps de la planète. Son bord était assez déchiqueté, et à ces irrégularités est due en partie l'irrégularité du croissant du Soleil à sa réapparition.

Tel est le résumé des intéressantes observations de cette éclipse.

Deux choses paraissent ici remarquables au P. Secchi : la première est la formation de l'arc irisé, éloigné du Soleil, qui n'a jamais été observé, et dont on ne saurait expliquer la formation qu'en le supposant dû au brouillard qui envahissait l'atmosphère. Mais à quoi tient sa forme en croissant ? c'est ce qui semble assez difficile à expliquer. La deuxième chose intéressante est la grande vivacité du premier rayon lumineux qui accompagnait la grande protubérance, et qui, selon l'expression de l'observateur, *blessait presque l'œil.* L'auteur s'est demandé s'il ne serait pas possible de voir ces rayons même en dehors des éclipses, et, rapporte l'observation suivante comme venant à l'appui de ce soupçon.

M. Tacchini, astronome de Palerme, se trouvant

sur mer, dans un voyage de Rome à Livourne, observa, le 8 août de cette année, le coucher du Soleil. Le temps était très-calme et le ciel transparent. Notre astronome remarqua qu'il y avait au sommet du disque un double jet de lumière qui suivait l'astre et disparut après lui, et il suppssa en conséquence que ces deux jets de lumière pouvaient bien appartenir au Soleil. Il m'écrivit en me demandant si, le même jour, nous n'avions rien observé sur le disque du Soleil en faisant nos dessins habituels. Effectivement, on avait vu à 11 h. 30 m. du matin, tout près du bord oriental du Soleil, une large facule dont la partie supérieure, très-brillante, était terminée par deux jets comme deux feuilles ; on l'avait fort remarquée en raison de sa vivacité et de sa forme extraordinaire, et l'on en fit un dessin que j'envoie. Cette coïncidence m'inclina à penser que les deux gerbes de M. Tacchini n'étaient autres que celles observées par nous comme dépendant de la facule. Je demandai à M. Tacchini quelques détails de plus, et il me répondit que la hauteur de ces panaches, autant qu'il pouvait se le rappeler, était environ 1/7 du rayon solaire, et leur étendue dans la direction horizontale d'environ 1 rayon. »

On voit que ces dimensions ne sont pas fort éloignées de celles qu'a notées le P. Cappelletti pour ses faisceaux lumineux qui, à en juger par leur vivacité et leur forme, ne paraissent guère pouvoir être considérés comme des phénomènes purement dus à l'atmosphère terrestre. Quoi qu'il en soit, il sera très-intéressant d'observer le Soleil à son couchant, surtout dans les pays qui sont favorablement placés au bord de la mer.

La couleur rouge des protubérances a été observée plusieurs fois sur les taches elles-mêmes. Un jour entre autres, l'astronome romain a vu ces lueurs rouges dans une tache qui avait un double noyau, ou plutôt un noyau divisé en deux par un pont : un de ces noyaux était parfaitement pur ; l'autre était gazé d'un voile rougeâtre ; ce voile n'était pas uniforme, mais comme froissé en spirale ou en tourbillon, et on pouvait y voir quatre trous absolument noirs. Il ne doute pas que la couleur de ce voile ne fût la même que celle qu'il a vue pendant l'éclipse totale dans les protubérances. Sur ce voile s'épanouissait un grand amas de courants lumineux, de ceux que M. Dawes appelle *brins de paille*, et que nous avons comparés à des *feuilles de saule*.

Terminons en ajoutant, avec l'astronome romain, qu'en rapprochant les phénomènes observés dans toutes les circonstances ci-dessus mentionnées, on doit conclure que la constitution du Soleil n'est pas si simple qu'on l'imaginait, et que, malgré les grands progrès faits récemment, il reste encore beaucoup à faire. On a déjà pu apprécier plus haut, par les observations diverses discutées, que la méthode expérimentale est plus féconde, ici comme ailleurs, que toutes les théories de l'imagination.

Nous avons observé l'éclipse de lune du 4 octobre 1865. Cette petite éclipse partielle de lune, égale aux 35 centièmes du disque, n'a offert aucun phénomène remarquable. Obéissante aux ordres d'Uranie, Phœbé a suivi ponctuellement les indications données par le Bureau des longitudes. A 10 h. 49 m., toute la calotte polaire de l'hémisphère sud (le haut dans la lunette) était cachée dans le cône d'ombre de la Terre. Tycho, Clavius, Casatus, les monts Dœrfel et Newton, et toutes les hautes montagnes de cette région si accidentée, avaient vu s'éteindre leurs blancs rayonnements. Toutefois, il est une remarque que nous avons faite l'un et l'autre (M. Goldschmidt et moi) en suivant les phases de cette éclipse : c'est que ces immenses rayonnements étaient encore parfaitement visibles au milieu de l'éclipse, et que l'on pouvait encore facilement distinguer les cirques et les cratères. Cet effet paraît causé par la diffraction de la lumière solaire dans l'atmosphère terrestre.

OBSERVATION DE L'ÉCLIPSE DE SOLEIL DU 6 MARS 1867.

Cette modeste éclipse n'a pas offert les mêmes particularités que celle du 1er juin 1863. (Voir notre tome Ier.)

Le ciel de Paris est décidément peu propice aux observations astronomiques; il semble que la capitale du monde moderne n'ait plus « d'accommodements avec le ciel ; » car il est fort rare que nos désirs soient satisfaits, et que nos projets s'accomplissent. L'atmosphère se purifie et s'embellit de ses plus illusoires coquetteries lorsque nous n'avons pas besoin d'elle, tandis que précisément aux heures où sa transparence nous serait le plus utile, on la voit se couvrir malencontreusement de voiles obscurs et de froids brouillards. C'est ce dont nous venons d'être témoin mercredi dernier, jour des Cendres. Le printemps, gaiement travesti, nous avait souri depuis plusieurs jours, et la tiède aurore de l'été emplissait déjà l'atmosphère, lorsque le matin même de l'éclipse attendue, les nuages d'hiver sont revenus ouvrir le carême et assombrir le ciel. Peu s'en fallut, en vérité, que l'éclipse n'eût été éclipsée à son tour.

Cette éclipse annulaire de Soleil a dû être visible dans une grande partie de l'Europe. La ligne de l'éclipse centrale passe par le Maroc, le nord de l'Algérie, l'Italie méridionale, la Turquie, la Hongrie, la Russie. Les plus grandes phases ont dû être visibles en Espagne, en France, en Angleterre, en Belgique. Espérons que cette vaste étendue n'a pas été couverte de nuages, et que l'éclipse n'aura pas eu le même sort que celle du 15 mars 1858, où nos bons voisins les Anglais s'amusèrent tant aux dépens des trains de plaisir organisés pour se trouver sur la route de l'éclipse centrale.

Pour Paris, l'éclipse de Soleil n'était que partielle, mais assez étendue toutefois, puisqu'elle atteignit les 789 millièmes du diamètre du Soleil. Le premier contact s'est effectué à 8 h. 23 m. du matin. La plus grande phase a eu lieu à 9 h. 40 m. La fin, à 11 h. 3 m. Nous l'avons observée à notre petit Observatoire du Panthéon. La première éclaircie n'a découvert le phénomène qu'à 9 h. 12 m. Jusqu'à ce moment il avait été complétement impossible de rien distinguer, et quoique la clarté diffuse répandue dans l'atmosphère par le Soleil, ne fût alors que la moitié de son état normal, il est bien certain que personne ne se serait douté que cette diminution de lumière fût due au passage de la Lune sur le Soleil plutôt qu'aux nuages. Cette remarque peut servir à expliquer comment des éclipses presque totales ont parfaitement pu passer inaperçues, et comment les dates historiques ne les mentionnent point. Elle peut également servir à nous montrer que les habitants de Mars, dont c'est là le jour accoutumé, voient plus clair qu'on ne le croirait au premier abord.

Pendant toute la durée de l'éclipse, le Soleil n'a pas été un seul instant dégagé des brouillards, et nous l'avons constamment observé directement, sans nous servir de verre coloré, même en employant de forts grossissements. Les nuages faisaient l'office de verres obscurateurs. Il est certain qu'en de telles conditions atmosphériques une éclipse de Lune n'aurait pu être suivie.

De 9 h. 20 m. à 10 h. les nuages étant devenus moins épais ; on put seulement constater la teinte blafarde particulière aux éclipses de Soleil et la coloration quelque peu sinistre des objets, des maisons, des arbres. On a souvent exagéré cette modification dans la lumière solaire; elle est néanmoins sensible. Des observateurs de l'éclipse du 12 mai 1706 rapportent que « suivant le progrès ou la diminution de l'éclipse les objets changèrent de couleur, qu'au huitième doigt (quand les deux tiers du diamètre du Soleil étaient sous la Lune) ils étaient d'un jaune orangé, et qu'au moment où il n'y avait plus de visible que la 25e partie du diamètre du Soleil, les objets parurent d'un rouge tirant sur l'eau vinée. » Halley a rapporté un fait analogue observé pendant l'éclipse totale de 1715. Le 28 juillet 1851, M. Airy, à Gottenbourg, vit l'atmosphère s'empourprer au zénith quelque temps avant le commencement de l'éclipse totale. La plus grande partie du ciel était couverte de nuages. Pendant l'éclipse du 18 juillet 1860, tous les objets prirent à Alger une teinte jaunâtre d'un aspect livide. Pour expliquer ces faits on a été jusqu'à supposer que le bord et le centre du Soleil n'ont pas la même teinte. Arago en chercha l'explication dans notre atmosphère même, en disant que pendant l'éclipse il y a une certaine quantité de lumière qui est réfléchie par les couches atmosphériques de l'horizon qui reçoivent encore la pleine lumière du Soleil, tandis que dans le lieu de l'observateur l'atmosphère n'en reçoit plus qu'une certaine partie. Alors l'atmosphère ambiante change notablement de couleur; car tout le monde l'a remarqué, les rayons venant des couches voisines de l'horizon diffèrent toujours par la teinte de ceux que les couches d'air élevées réfléchissent. A la dernière éclipse ce changement a été peu sensible, et on le comprendra facilement en remarquant que l'air, étant couvert de nuages sur une grande étendue, était lui-même moins accessible à la différence des quantités de lumière.

L'astre — non radieux — du jour offrit bientôt la forme du mince croissant que revêt la Lune quatre jours avant et après la néoménie, lorsqu'elle apparaît à l'orient le matin et à l'occident le soir au milieu du silence des crépuscules. On appréciait facilement que le disque lunaire obscur glissant sur le disque lumineux était un peu plus petit, et en arrivant au centre, aurait laissé un très-mince anneau blanc autour de lui. En effet, le demi-diamètre vrai de la Lune était de 15′ 38″, 5 et le demi-diamètre vrai du

Soleil de 16′ 9″, 0. Si les centres eussent coïncidé à Paris, nous aurions donc eu le spectacle d'un anneau solaire de 30″ 1/2 seulement d'épaisseur. On sait que la grandeur apparente des disques solaire et lunaire varie d'un jour à l'autre, oscillant de part et d'autre de l'aire moyenne, qui serait celle d'un cercle de 1 mètre de diamètre tenu à 120 mètres d'un observateur. Tantôt le Soleil et tantôt la Lune empiètent sur ce disque. A la grande éclipse totale de Soleil du 18 août 1868, qui donnera certainement des résultats très-importants à la physique solaire, et dont nous rendrons compte dans notre tome III, le demi-diamètre du Soleil sera de 15′ 50″, 7, et celui de la Lune de 16′ 44″, 4. Aussi la durée de la totalité sera-t-elle maximum.

Lorsque le bord oriental du disque lunaire eut dépassé le milieu du disque solaire, quelque temps après la première éclaircie à 9 h. 30 m., nous reconnûmes que le bord intérieur du croissant solaire était échancré dans sa partie supérieure (image renversée), ce qui formait un contraste très-sensible avec le limbe extérieur, qui n'était autre que le bord du Soleil, et gardait sa parfaite régularité. Dans la crainte que c'eût été là un effet d'optique, nous nous servîmes de différents oculaires. Avec un grossissement de 300 fois, il devint facile de constater que ces échancrures appartenaient au corps de la Lune, et avaient pour cause les montagnes de cette région de notre satellite se projetant en noir sur le disque lumineux. Une demi-heure après la plus grande phase, ces échancrures n'étaient plus visibles; — du moins il nous fut impossible de les apercevoir pendant une éclaircie.

L'abaissement du thermomètre au milieu de l'éclipse n'a offert aucun indice exact de l'influence directe du Soleil, à cause des variations atmosphériques, des éclaircies et des nuages. Une couche inférieure de nuées transparentes marchait du nord-est au sud-ouest, sous la direction d'un vent fort. Une couche supérieure paraissait marcher en sens contraire, mais s'avançait en réalité dans le même sens sous un vent très-faible. A partir de 10 heures, les nuages inférieurs marchaient moins rapidement. A 11 heures, on ne distinguait plus le bord occidental de la Lune, le ciel était encore couvert, et une petite neige fine s'envola en giboulée. Il fut impossible d'observer les taches du Soleil. Il y en avait trois l'avant-veille, dont deux en groupe.

Quinze jours après la publication des observations précédentes, M. Le Verrier présenta le résultat de celles qu'il a dirigées à Marseille et à Eboli (Italie).

Deux astronomes de l'Observatoire de Paris qui s'étaient rendus à Eboli, au sud de Salerne, là où l'éclipse était annulaire, ont été réduits à télégraphier, à midi, au directeur de l'Observatoire : « Déception complète, pluie persistante. » A Marseille, le ciel a été beau par un vent de mistral; les contacts ont été observés avec assez d'exactitude. M. Le Verrier annonce n'avoir pu apercevoir le disque de la Lune sur le fond du ciel, aucune distorsion des cornes ne s'est manifestée, l'examen attentif de la partie obscure de la périphérie, tout près du prolongement des cornes, n'a laissé entrevoir aucune protubérance lumineuse.

On avait fait de grands préparatifs à l'observatoire de Marseille pour l'observation de cette éclipse; mais en somme les résultats ont été à peu près négatifs, et M. Moigno résume les observations faites sous la direction de M. Le Verrier par ces trois mots caractérisés : Rien! rien! rien !

M. Janssen avait reçu du Bureau des longitudes la mission de se rendre à Trani, pour y faire des observations physiques pendant la durée de l'éclipse annulaire. Le temps, peu propice d'abord, lui fut ensuite favorable. « L'éclipse est observée, écrit-il à M. Faye, mais par un bonheur vraiment inouï. Depuis huit jours pluie constante à Trani. J'étais dans une position critique. Fallait-il me déplacer et me porter rapidement de l'autre côté des Apennins, ou subir mon sort à Trani? J'avais demandé télégraphiquement aux observateurs de Salerne quel était leur temps et j'avais tout préparé pour le voyage, qui était difficile, à cause de la neige tombée sur la montagne. La réponse fut défavorable. Je reste donc et fais mes dispositions par acquit de conscience. Le soir et la nuit même du 5 au 6, la pluie n'a cessé de tomber, et je fus obligé de régler les axes optiques de mes lunettes sur une lumière éloignée; puis tout à coup le vent change, le ciel se dégage et le Soleil se lève radieux. Je fis alors rapidement en quelques heures ce qui eût demandé plusieurs jours. De toutes les personnes qui devaient m'aider, deux seules sont venues : on était convaincu de l'inutilité d'un déplacement. J'ai donc sacrifié de notre programme tout l'accessoire, et me suis fortement attaché au plus important, à savoir : le *spectre* des bords, comparé à celui du centre, et le spectre de l'auréole. »

L'observateur avait choisi dans ses cartes plusieurs

groupes incontestablement solaires, et, les ayant sous les yeux, il lui était facile de constater une augmentation d'intensité. Or, pendant toute la durée de l'éclipse, aucune augmentation sensible et nettement accusée d'intensité n'a été observée. Ainsi, la lumière envoyée par les bords de la photosphère, pour une région d'une demi-minute d'épaisseur angulaire, ne présente pas, au point de vue de l'absorption élective, une composition moyenne sensiblement différente de celle du centre. Quoique M. Janssen ne puisse affirmer que la lumière de l'extrême bord ne présente aucune différence, il est très-remarquable qu'à une distance si faible du bord, les grands instruments n'accusent rien de sensible.

Le spectre de l'auréole ne put être observé ; par suite de la vive illumination de l'atmosphère, même pendant la centralité, le spectroscope donnait un spectre très-lumineux jusqu'à trois ou quatre minutes du bord de la Lune où devait se produire l'auréole.

M. Bérigny a adressé précédemment à l'Académie des observations de température faites à Versailles pendant l'éclipse du Soleil du 15 mars 1858, et desquelles il résulte que le ciel s'étant alors presque privé de nuages, la température a été presque proportionnellement en diminuant depuis le commencement jusqu'au milieu de cette éclipse et qu'à partir de cette dernière phase elle a augmenté rapidement.

Ces observations de demi-heure en demi-heure sont insuffisantes, et en raison des oscillations atmosphériques de cette matinée, il aurait été nécessaire de les faire au moins de 10 minutes en 10 minutes.

L'auteur croit pouvoir en induire un phénomène inverse, soit qu'une éclipse de Soleil ait lieu par un ciel découvert, soit qu'elle arrive par un temps couvert; en d'autres termes, pendant une éclipse de Soleil par un ciel serein, la température baisserait, tandis qu'elle augmenterait par un ciel chargé de nuages.

Cette année-ci, il a paru curieux à M. Bérigny de rechercher les résultats que produirait l'éclipse du 6 de ce mois, le ciel étant couvert et le vent N. E.

A cet effet, il a observé de 7 h. du matin à midi, de demi en demi-heure, deux thermomètres, l'un situé à l'ombre, l'autre exposé à la lumière du jour.

En examinant le tableau qu'il donne à l'Académie, on voit que la température du thermomètre à l'ombre a baissé de 7 à 8 heures du matin; qu'elle a augmenté proportionnellement depuis le commencement jusqu'à la fin de l'éclipse, et que notamment, à 9 heures 1/2, c'est-à-dire dix minutes avant sa plus grande phase, il y a eu un maximum de température; on remarque aussi que le même phénomène s'est à peu près produit pour le thermomètre exposé à la lumière du jour.

Mais si la marche de ce thermomètre n'a pas été aussi régulière que celle de l'autre, il faut attribuer cette irrégularité à quelques rayons de Soleil pâle qui sont parvenus, de temps en temps, à percer la couche de nuages.

S'il en était ainsi, ajoute M. Bérigny, ce serait là, sinon une loi nouvelle, du moins un fait nouveau qui demande son explication et appelle d'autres observations.

En voici une qu'il soumet à l'appréciation des météorologistes : avant que le Soleil soit obscurci par l'ombre de la Lune, la couche de nuages qui est interposée entre nous et notre satellite avait une certaine température, et comme l'effet de l'éclipse ne se manifeste pas assez longtemps pour refroidir cette couche que le Soleil a échauffée progressivement le matin, cette progression se manifeste sur notre globe.

On connaît les effets de la variation de la lumière sur l'instinct des animaux. A propos de l'éclipse dont nous venons de parler, nous ajouterons que des personnes demeurant aux Tuileries nous ont affirmé avoir vu les moineaux et les pigeons du jardin s'enfuir aux approches de la totalité, et traverser la rue de Rivoli comme ils ont l'habitude de le faire le soir, en lançant dans l'air leurs petites notes du crépuscule.

COMÈTES.

On n'a vu, pendant les années 1865 et 1866, que deux comètes nouvelles, dont voici la description astronomique et historique.

La première comète de 1865, fort remarquable par sa grandeur et par son éclat, n'a été visible que dans l'hémisphère austral. Les astronomes du Cap de Bonne-Espérance, notamment M. Mac-Lear, l'ont aperçue dès le soir du 18 janvier. Au Brésil, le professeur Copsex, du collége de San Joao del Rei, témoigne que le 21 janvier son attention fut appelée sur une brillante traînée de lumière dans le sud-ouest, vers la constellation du Taureau. Quoique la comète ne fût d'abord visible que pendant un temps très-court, à cause du mauvais état du ciel et de sa faible élévation au-dessus de l'horizon, il fut néanmoins convaincu que c'était la queue d'une comète, opinion vérifiée par les observations ultérieures. Jusqu'au 26, son observation fut très-difficile; mais dès lors elle se montra brillante, presque dans la même position; par ces observations faites au Sextant on put voir que son ascension droite était de 20 h. 8 m. et sa distance polaire de 154° 14'. La queue était parfaitement droite, s'élargissant graduellement depuis le noyau et bien définie jusqu'à son extrémité, près de laquelle une étoile brillait distinctement. Cette étoile servit à mesurer la longueur exacte de la queue, et l'on trouva 26°. Le noyau n'était pas plus brillant qu'une étoile de la troisième grandeur, et, vu au télescope, ne paraissait pas entouré d'une chevelure considérable. On voyait une petite étoile à travers la partie la plus dense de la queue. Le 28 au soir, la distance d'Achernar était de 35° 12', et celle de Canopus de 70° 23'; ce qui donne pour l'Æ 21 h. 10 m. et pour la D. P. 149°. La longueur et l'aspect de la queue étaient les mêmes que le 26.

D'autre part, le capitaine Mouchez (en rade de Rio de Janeiro) notifie à la même date que le noyau était caché derrière la montagne de Corcorado, et que la queue montait sur l'horizon, un peu inclinée vers le sud et bien opposée au Soleil, et pouvant avoir de 40 à 50 m. de degré de largeur et 8 à 9 degrés de longueur. C'était un long jet de lumière, comme un rayon de Soleil couchant passant par un trou de nuage. L'inclinaison de la queue sur l'horizon, du côté du sud, était d'environ 75 à 80 degrés; elle offrait presque la même largeur sur toute son étendue.

Au Cap de Bonne-Espérance, on annonçait la même apparition. Apparue dès le 18 janvier à l'horizon de la ville du Cap, la comète s'éleva graduellement chaque jour, et devint bientôt parfaitement visible aux yeux de tous. A la date du 20 au soir, la queue de l'astre, uniforme, sans divisions comme sans rayons, d'une longueur de 15 degrés dans la ligne du Soleil, se terminait dans le même parallèle que α Gruis. La partie supérieure de la queue avait une légère courbure du côté du nord. A 8 h. 45 m. de ce même jour, l'ascension droite instrumentale était de $21^h2^m31^s$, la distance polaire de 130° 19′ 10″, et par conséquent la déclinaison sud de 40° 19′ 10″. Cette comète, ajoutait le télégramme, ne présente rien de la grandeur imposante de celle qui a paru en 1843, ni de celle de juin 1861. Comme éclat, elle est à peu près égale à celle de Donati, telle qu'elle est apparue dans cet hémisphère en 1858.

A Santiago (Chili) M. Moesta avait observé la comète dès le 18. Nous notifierons de ses observations la suivante : le 20 février, la queue mesurait 25° de long; et sa largeur ne dépassait pas 1° 30. On pouvait aussi distinguer une seconde queue très-pâle qui se détachait de la queue principale au nord.

On crut d'abord remarquer dans les éléments de cette comète une similitude avec les éléments de la comète de 1677, observée par Helvétius, Flamsted et autres; mais l'orbite déduite par Halley des observations de Dantzig doit être trop incertaine pour admettre l'identité.

Cette grande comète passa au périhélie le 14 janvier : à cette époque sa queue s'étendait presque en ligne droite sur une longueur de 150°. Aux détails que nous avons donnés le 10 mai, ajoutons quelques remarques qui nous sont offertes par les *Astronomiche nachrichten.*

Après son passage au périhélie, le 30 janvier, la comète diminua de clarté, mais son noyau resta brillant au télescope. La queue, longue de 12°, s'étendait jusqu'à γ du *Toucan*, et se courbait légèrement vers l'ouest. Le 3 février la queue ne mesurait plus que 5°. Les jours suivants, l'intensité de la lumière de la Lune empêcha de distinguer la comète. Son noyau perdit sa netteté vers le 9. Le 14, on pouvait parfaitement la distinguer à l'œil nu avant le lever de la lune; sa queue mesurait encore de 2 à 3° de longueur. Le jour suivant, elle se trouva sensiblement dans les mêmes conditions.

Le 17 février, la comète resta visible à l'œil nu. La queue était dirigée en ligne droite sur l'étoile α du Toucan, et atteignait un point situé sur le milieu de la ligne qui sépare μ du Phénix et β du Toucan. Le 22, la condensation de la lumière dans la comète devint indistincte, et la queue extrêmement faible à l'œil nu. Le 23, elle ne mesurait plus que 2°.

Le 4 mars, la comète était excessivement faible sous la clarté de la Lune dans son premier quartier. Du 4 au 9, l'état nuageux de l'atmosphère empêcha de bonnes observations. Le 14, par une nuit très-claire, on chercha la comète avant le lever de la Lune, mais on n'en put découvrir aucune trace. Le 16 on la retrouva, mais d'une pâleur extrême. Le jour suivant, elle s'évanouit dans le champ même des lunettes, et le 18, on ne pouvait plus la distinguer qu'en la regardant obliquement à travers le télescope (1).

Outre cette grande comète, l'année 1865 a vu briller à la fois dans son ciel deux comètes périodiques, la comète de Faye et celle d'Encke.

Le 19 décembre 1865, M. Tempel découvrit une nouvelle comète, que l'on doit considérer comme appartenant à l'année 1866, attendu que c'est au mois de janvier que s'est effectué son passage au périhélie. La comète offrait l'aspect d'une nébulosité ronde, un peu condensée au centre avec une queue rudimentaire. Plusieurs astronomes ont essayé d'en déterminer l'orbite, et ils sont arrivés à ce résultat très-intéressant, que la comète de M. Tempel, quoique douée d'un mouvement rétrograde, est périodique.

Le temps de révolution de cet astre, serait de 53 ans. D'après M. d'Arrest on pourrait par conséquent la revoir en 1919. Si elle a passé inaperçue en 1813, c'est que les événements belliqueux de cette époque ont fait oublier les affaires du ciel. Mais d'autre part la période ci-dessus n'est pas certaine. En effet, un premier calcul avait donné à M. d'Arrest un temps de révolution

(*) L'orbite définitive paraît être la suivante :

T = Janv. 14,228 (T. m. de Greenwich.)

$\pi = 16^\circ 45'$

$\Omega = 260\ 59$

$i = 92\ 27$

$\log q = 8,5375$

Encore une comète que nous ne reverrons plus.

bien plus court : 3930 jours (10 ans et 9 mois) seulement. Il avait aussi trouvé, par le même calcul, que l'orbite de la nouvelle comète était comprise tout entière dans l'intérieur de l'orbite de Saturne. Ces résultats d'après lesquels cet astre aurait dû se montrer à nous peu à peu tous les onze ans, ne se sont pas confirmés quand des observations plus nombreuses et plus complètes ont permis à M. d'Arrest de calculer les éléments de la comète avec une précision plus grande. La période de 53 ans est plus probable, mais non absolue.

L'observation spectroscopique de cette comète a donné à M. Huggins, comme nous l'avons déjà remarqué, des résultats dignes d'intérêt. M. Huggins a dirigé un *spectroscope* successivement sur la chevelure de forme ovale, et sur le petit noyau stellaire de la comète, et il remarqué, avec surprise, que la lumière émanée de la chevelure fournissait un spectre continu, pendant que la lumière du noyau offrait des raies brillantes.

Il résulterait de cette observation que le noyau de la comète serait lumineux par lui-même et très-probablement formé par une matière gazeuse, incandescente. La chevelure au contraire réfléchirait simplement la lumière solaire; ceendant l'intensité de son spectre est trop faible pour y constater la présence des raies noires caractéristiques de Fraunhofer. La première grande comète qui nous visitera permettra de reprendre cette observation et d'approfondir ces questions si intéressantes.

PETITES PLANÈTES SITUÉES ENTRE MARS ET JUPITER.

Nous avons laissé, en 1864, la mine céleste des petites planètes au chiffre de 80, depuis cette époque onze nouveaux astéroïdes ont été découverts.

La planète 81 a été découverte à Marseille par M. Tempel, le 7 octobre 1864, et a reçu le nom de *Terpsichore*, qui n'existait pas encore dans cette petite armée céleste. Si Pythagore eût existé de nos jours, il n'eût certainement pas imaginé 80 noms avant d'illustrer la muse de la danse. La distance moyenne de Terpsichore au Soleil est de 2,859, son excentricité de 0,213, son inclinaison de 7° 55′ 27″, sa révolution sidérale de 1766 jours.

La planète 82 a été découverte à Bilk, près Dusseldorf, par M. Luther, directeur de cet observatoire, le 27 novembre, qui l'a baptisée du nom d'*Alcmène*, qui fut, comme on sait, femme d'Amphytrion et mère d'Hercule, devint veuve et épousa Rhadamante, fils de Jupiter. Lorsqu'elle mourut, Jupiter la fit conduire aux îles des bienheureux. La distance moyenne de cette planète au Soleil est de 2,755 et sa révolution sidérale de 1670 jours.

Dans la soirée du 26 avril 1865, M. de Gasparis découvrit à Naples le 83e astéroïde, auquel il donna le nom de *Béatrix*, en l'honneur du Dante, dont on célébrait alors les fêtes. La révolution sidérale de cette planète est de 1382 jours 6 heures, sa distance moyenne au Soleil de 2 rayons terrestres 429; son excentricité très-faible 0,084, son inclinaison sur l'écliptique de 5° 2′ 11″.

Le nom de la muse de l'histoire, *Clio*, oubliée jusqu'à nos jours, a été donné à la 84e petite planète, qui fut découverte par M. Luther, déjà nommé, le 25 août 1865. Sa distance au Soleil est de 2,367, son année de 1330 jours et demi.

M. Peters découvrit la 85e à Clinton (Etats-Unis d'Amérique), le 19 septembre 1865, et lui donna le nom d'*Io*, fille d'Inachus, qui fut aimée de Jupiter et dut se métamorphoser « en vache » pour se dérober à la jalousie de Junon. On sait qu'elle ne reprit sa première forme qu'après s'être échappée de la garde d'Argus (grâce à Mercure), et après avoir parcouru la terre et les eaux poursuivie par un Taon ! Quelles péripéties ! La distance de la planète Io au Soleil est de 2654, sa révolution sidérale de 1579 jours.

L'année 1866 s'est ouverte par la découverte de la 86e petite planète, faite le 4 janvier à l'observatoire de Berlin par M. Tietjen dans des circonstances assez curieuses. Cet observateur cherchait à déterminer la position de la planète précédente par celle d'une étoile voisine, lorsqu'il reconnut, après une heure d'observation, que la distance des deux astres n'avait pas changé : ils marchaient tous deux, car l'étoile de comparaison se trouvait elle-même être une planète. L'auteur lui donna le nom de Sémélé, fille de Cadmus, qui fut également aimée de Jupiter. Il faut convenir en passant que toutes ces petites divinités sont bien placées entre Mars et Jupiter : car le père des dieux paraît avoir eu dans le temps une très-grande tendresse pour la plupart d'entre elles. Les éléments de cette petite planète ne sont pas connus.

On a baptisé du nom de *Sylvie* la 87e de ces petites planètes, découverte le 16 mai 1866. Sylvie n'a laissé aucune trace dans les annales de la mythologie ; mais, en revanche, elle a intrigué quelque peu certains astronomes. C'est la plus rapprochée de Jupiter. Sa distance au Soleil est égale à 3,493, celle de la Terre étant 1 ; sa période est de 6 ans et demi. La marche de ce petit astre était d'abord mystérieuse, et l'astronome a été quelque temps avant de pouvoir la posséder entièrement.

La 88e, *Thisbé*, plus facile à saisir, a permis à l'observation attentive de déterminer rapidement les éléments qui la caractérisent. Quoique plus jeune que la précédente, elle est mieux connue. On sait que sa distance à l'astre central est de 2,77 rayons terrestres, que sa révolution sidérale s'effectue en 1684 jours, que son excentricité est de 0,165 et son inclinaison de 5° 14′ 58″. Elle a été découverte par M. Peters, le 20 juin 1866.

A Marseille, le nouveau télescope Foucault à miroir argenté a servi à la découverte de la 89e planète, faite par M. Stephan. Cette planète gravite à la distance de 2,534 du Soleil ; sa révolution sidérale est de 1473 jours ; son excentricité de 0,205 ; son inclinaison de 15° 13′ 9″. Elle a reçu le nom de Julia.

La planète Antiope, ou 90, a encore été découverte à Bilk, par M. Luther, qui en est aujourd'hui à sa seizième planète. C'est le 1er octobre 1866 que ce petit astre vint se placer au rang des astéroïdes. Il offrait, au moment de sa découverte, l'éclat d'une étoile de 11e grandeur.

Enfin la dernière petite planète, découverte en 1866, est la 91e, que M. Borelly reconnut et nomma Egine, le 4 novembre 1866. Ses éléments, comme ceux de la 90e, ne sont pas encore connus, les observations faites jusqu'à ce jour ayant été insuffisantes. Sa distance au Soleil est égale à 2,558, un peu plus de 2 fois 1/2 celle de la Terre ; la durée de sa révolution sidérale est de 1494 jours 1/2.

Ainsi, tandis que l'année 1863 n'avait ajouté que deux astéroïdes à la liste déjà établie (78 et 79), et l'année 1864 trois nouveaux (80, 81 et 82), l'année 1865 en a ajouté trois autres (83, 84 et 85), et l'année 1866 six nouvelles planètes.

En résumé, ajouterons-nous pour terminer ce dernier chapitre, entre Mars situé à la distance moyenne de 57 millions de lieues du Soleil, et Jupiter, qui vogue à la distance de 190 millions de lieues du même foyer, le monde des petites planètes circule sur une large zone d'orbites différentes, dont la plus rapprochée est celle de Flore (83 millions de lieues du Soleil), et dont la plus éloignée est celle de Sylvie (129 millions de lieues du même resplendissant foyer).

NOTES

Note I, p. 98.

Étoiles filantes jumelles, observées au Collége de France, par M. J. Silbermann. (Note de l'auteur.)

L'aspect d'un blanc bleuâtre de mes étoiles filantes jumelles ressemblait à celui que prend le platine avec le chalumeau à gaz oxyhydrogène, ce qui représente une température d'environ 2,000 degrés, d'après l'échelle des couleurs pyrométriques de M. Pouillet. L'éclat était moins vif que celui des autres bolides. Comme les deux bolides ne laissaient aucune espèce de traînée lumineuse derrière eux, je suis porté à croire que la matière qui les compose est très-réfractaire, c'est-à-dire presque infusible : car il est supposable que si elle était entrée en fusion seulement superficiellement, elle aurait, par le frottement contre l'air, laissé des étincelles derrière elle ; d'où je suis porté à conclure que la matière de ces deux bolides n'est pas un corps pierreux, mais métallique, et, de plus, un métal qui, à 2,000°, n'était point encore entré en fusion. 1° Ce métal doit être un très-bon conducteur de la chaleur ; 2° il est doué d'une chaleur spécifique énorme ; 3° d'un poids spécifique considérable : comme je n'ai observé que celui-ci, unique de son espèce, sur environ 500 apparitions d'étoiles filantes que j'ai pu apercevoir entre 11 heures 1/2 et 5 heures du matin, la proportion est donc d'environ un sur cinq cents.

L'aspect de la trajectoire hélicoïdale de ces deux bolides, tournant l'un autour de l'autre, comme deux boulets ramés ou pelotes attachées l'une à l'autre par une ficelle de quelques décimètres, et qu'on lancerait en l'air, avait de l'analogie avec les nœuds et les ventres d'une corde en vibration. Dans l'un des ventres, c'était celui d'en haut qui avait de l'avance, tandis qu'au ventre suivant, c'était celui d'en bas qui était le plus en avant; au nœud, on ne voyait qu'un seul bolide, l'un cachant sans doute l'autre, c'est-à-dire passant devant lui pour un observateur à Paris.

Le plan de l'orbite semblait osciller de 30 à 40 degrés, à droite et à gauche d'un plan horizontal passant par la trajectoire comme le pont d'un navire par le roulis ou balancement à droite et à gauche; ou encore un bâtonniste courant, qui tiendrait sa canne par le milieu, la ferait mouliner presque horizontalement, mais inclinant le plan de rotation alternativement à droite et à gauche.

A l'œil, il n'y a peut-être pas d'exagération à supposer la distance de l'un à l'autre de 1,000 mètres, et, par conséquent, leur orbite d'une étendue de 3,000 mètres environ. Or, comme il y a eu de 8 à 12 oscillations représentant chacune une révolution entière, prenant 10 comme moyenne, l'apparition a duré une seconde environ. Ce qui ferait déjà 30,000 mètres par seconde de temps, sans parler de la vitesse de transport de l'ensemble du couple selon la trajectoire.

Etaient-ils doués, en plus, d'un mouvement de rotation? ou se regardaient-ils tous deux en se montrant toujours la même face comme la lune à la terre? ou bien encore, l'un regardait-il tourner l'autre comme la lune, qui regarde toujours gravement la terre pirouetter devant elle?

Les étoiles filantes vues la nuit du 13 au 14 novembre, sont-elles de même nature ou espèce que les étoiles filantes que l'on voit tous les soirs sillonner le ciel en tous sens? Depuis que j'ai vu le phénomène de la nuit du 13 au 14 novembre, j'en doute fort, et voici pourquoi: je m'attendais à voir des étoiles filantes de toutes grandeurs, en raison de leur degré d'éloignement ou de rapprochement de la terre. — *Or, il n'y avait pas de grandeurs intermédiaires.* Les étoiles filantes ordinaires paraissent toutes à très-peu de chose près de même grandeur, ressemblant généralement à une simple égratignure blanche sur le fond obscur du ciel: 1° n'affectant aucune direction fixe de parcours; 2° semblant animées d'une vitesse à peu près constante; 3° faisant souvent des zigzags, ou traçant des courbes, ou encore des sinusoïdes ; 4° laissant bien rarement des traînées derrière elles. M. Faye, sans doute frappé des mêmes dissemblances, les appelle sporadiques. — Les étoiles filantes sporadiques la nuit du 13 au 14, n'étaient ni plus ni moins nombreuses que d'ordinaire, parcouraient le ciel dans toutes les directions, excepté celle du Lion à la direction opposée de la voûte céleste. Or, les belles étoiles filantes du 13-14 novembre, venant toutes de la région du ciel avoisinant la constellation du Lion, ressemblaient à des fusées de feu d'artifice, ou chandelles romaines, affectant presque de la fixité pendant un laps de temps de près d'une seconde dans le voisinage du Lion pour gravir, avec des vitesses croissantes, jusqu'au Zénith.

L'observation de double bolide faite à Athènes, il y a quelques années, par le Dr Schmidt, vu le parallélisme des trajectoires, rentre dans le cas des bolides ordinaires. Il n'y a que l'observation de M. B. Scott, à Weybridge (Angleterre), qui ait une véritable analogie avec les deux bolides que j'ai vus ; mais le double bolide que j'ai observé s'est montré plus d'une heure avant celui signalé par M. Scott, puisqu'il l'a observé entre une et deux heures, tandis que celui que j'ai vu était le 64e, vu entre l'est et l'ouest, entre onze heures et demie et minuit et demi, sur 140 apparitions. — Entre Weybridge et Paris, il n'y a pas plus de trois degrés de longitude, ce qui ne permet pas d'attribuer la grande différence à la longitude ouest.— Si M. B. Scott avait vu les mêmes bolides doubles tournants que moi, il aurait dû exister une avance de 10 à 12 minutes de sa part. (*Voir* le Compte rendu de l'Académie.)

D'après l'article de M. Flammarion dans le *Cosmos* du 12 décembre 1866, M. B. Scott ne parle pas de la région du ciel où il a vu ses deux bolides tournants : « Revolving like partners hand auron in a countrydance, » ni de la couleur, ni s'il y avait une traînée lumineuse derrière, ni de l'étendue et de la direction de la trajectoire.

Ce qu'il y a de plus fantastique dans son observation, se trouve dans les paroles suivantes : M. B. Scott, écrivant à Weybridge, déclare que deux météores parurent *s'approcher l'un de l'autre,* aussi intimement que s'ils se fussent enveloppés dans la même attraction, et qu'ils passèrent en vue tournant l'un autour de l'autre, en décrivant des spirales de lumière, comme on voit les danseurs circuler dans une figure analogue à la chaîne des dames. (V. p. 107.)

Je laisse aux astronomes et aux géologues le soin de tirer les conclusions qu'ils jugeront à propos. Comme météorologiste, je dois me borner à la description minutieuse de ce que j'ai observé. Les conjectures auxquelles je me suis complu à me laisser induire, sont du domaine de la physique.

Note II, p. 109.

LES ÉTOILES QUI FILENT.

Philosophy puts questions,
Of the planet-populations,
Their gravities, digestions,
Heights, habits, occupations.
Are Mars'-folk all belligerent?
Are Venus's all lovers?
Are Pallas, more refrigerant,
And Vesta, old-maids' covers?

Is Mercury the region
Of a financiering race,
Where the Petos'name is Legion,
And carries no disgrace?
Is Jupiter surrendered
To celestial swelldom's reign;
With a race of Dukes engendered,
And six toady-moons for train?

In far-off belted Saturn's
Fair round belly who may dwell?
Inhabitants of gay turns
And saturnine as well?

Or is't a lofty Limbo.
  A celestial Botany Bay,
Where cross old frumps, *in nimbo*,
  Whist, with cloudy faces, play?

If science makes no blunder
  When the stars with life it fills,
Beyond the stroke of thunder,
  And the shot of human ills.
Can it tell what life's enlisted
  Aboard those meteors fast,
At whose dance we assisted
  On the night of Tuesday last?

Such short accounts they tender,
  They leave so brief a trace
Of evanescent splendour
  On Heaven's eternal face:
Coming with moonlike glory,
  And gone ere we can heed,
Ne'er name rushed into story,
  Or out on't, with such speed!

Are they homes for reputations,
  As quickly spawned as spoiled:
Greeted with loose laudations,
  With scorn at random soiled?
Is their rise in *Leo* reason
  For supposing them the trails,
Of Lions of the season
  That to Lethe take their tails?

Are these lights that vanish o'er us
  Like a dream that we have dreamed,
Our rising young men's store-house
  Of pledges unredeemed?
These Will o'-the-Wisps that over
  Embroidered Heaven's black cope,
Homes for London, Chatam Dover
  Debenture-holder's hope?

Defying the attrition
 Of planets and fixed stars,
And threatening collision
 With the red planet Mars.
Are they the bright, brief presage,
 Of the Common's coming storm,
Open at once and message,
 Touching projects of Reform?

Blown by some unknown billows.
 And kindled at a stroke.
That they are stars, folls tell us,
 And yet they end in smoke.
Can those of chief dimensions,
 That soonest flash and go,
Be the homes of good intentions,
 For the paving-works below?

Note III, p. 126.

SUR L'ORIGINE DES ÉTOILES FILANTES. — Lettre à sir JOHN HERSCHEL par U.-J. LE VERRIER.

Mon illustre confrère,

Bien du temps s'est écoulé depuis les entretiens de Collingwood entre les astronomes d'Angleterre et ceux du continent, auxquels vous aviez donné votre cordiale hospitalité. Struve, que nous avons perdu, apportait ses études d'astronomie stellaire; vous-même veniez de publier votre ouvrage sur le ciel du cap de Bonne-Espérance; et ainsi, la conversation se trouvant tournée vers la constitution des cieux, vous y portiez des aperçus nouveaux, fruits de longues et profondes méditations. Depuis lors, l'étude des phénomènes cosmiques n'a cessé de préoccuper les astronomes; celle des étoiles filantes d'août et de novembre, en particulier, a fait de grands progrès.

On sait aujourd'hui que les flux extraordinaires d'astéroïdes en août et en novembre sont dus à des essaims de corpuscules circulant autour du soleil à la manière des planètes, et venant périodiquement rencontrer la terre.

L'essaim qui produit chaque année le flux d'étoiles du 10 août se meut perpendiculairement à l'orbite de notre planète. Celui auquel nous devons la brillante apparition du mois de novembre marche en sens contraire de la terre. Cette direction exceptionnelle vous inspire, dans un article récent et que je viens de recevoir, la réflexion suivante : « Comment ce fait d'un mouvement rétrograde des météorites autour du soleil est-il comparable avec la vérité de *l'hypothèse de la nébuleuse?* Nous laissons le soin de l'expliquer aux défenseurs de cette hypothèse.»

Si je ne me trompe, ce qui vous semblerait inexplicable, ce serait la présence de corps à mouvement rétrograde dans notre système planétaire, si l'on admettait l'origine et la formation de ce système, telle que l'a exposé Laplace. « On a, dit l'auteur de *la Mécanique céleste*, pour remonter à la cause des mouvements primitifs du système planétaire, les phénomènes suivants : les mouvements des planètes dans le même sens et à peu près dans le même plan; les mouvements des satellites dans le même sens que ceux des planètes; les mouvements de rotation de ces différents corps et du soleil dans le même sens que leurs mouvements de projection et dans des plans peu différents; le peu d'excentricité des orbes des planètes et des satellites...

« Buffon est le seul que je connaisse qui, depuis la découverte du vrai système du monde, ait essayé de remonter à l'origine des planètes et des satellites. Il suppose qu'une comète, en tombant sur le soleil, en a chassé un torrent de matière qui s'est réunie au loin en divers globes plus ou moins grands et plus ou moins éloignés de cet astre. Ces globes, devenus par leur refroidissement opaques et solides, sont les planètes et leurs satellites. »

Laplace démontre sans peine l'impossibilité de rendre compte des mouvements planétaires par l'hypothèse de Buffon; puis il poursuit ainsi :

« Cette hypothèse est donc très-éloignée de satisfaire

aux phénomènes précédents. Voyons s'il est possible de s'élever à leur véritable cause :

« Quelle que soit sa nature, puisqu'elle a produit ou dirigé les mouvements des planètes, il faut qu'elle ait embrassé tous ces corps, et, vu la distance prodigieuse qui les sépare, elle ne peut avoir été qu'un fluide d'une immense étendue. Pour leur avoir donné dans le même sens un mouvement presque circulaire autour du soleil, il faut que ce fluide ait environné cet astre comme une atmosphère. La considération des mouvements planétaires nous conduit donc à penser qu'en vertu d'une chaleur excessive, l'atmosphère du soleil s'est primitivement étendue au delà des orbes de toutes les planètes, et qu'elle s'est resserrée successivement jusqu'à ses limites actuelles.

« Dans l'état primitif où nous supposons le soleil, il ressemblait aux nébuleuses que le télescope nous montre composées d'un noyau plus ou moins brillant, entouré d'une nébulosité qui, en se condensant à la surface du noyau, le transforme en étoile...

« Mais comment l'atmosphère solaire a-t-elle déterminé les mouvements de révolution des planètes et des satellites? Si ces corps avaient pénétré profondément dans cette atmosphère, sa résistance les aurait fait tomber sur le soleil ; on peut donc conjecturer que les planète sont été formées à ses limites successives par la condensation des zones de vapeur qu'elle a dû, en se refroidissant, abandonner dans le plan de son équateur. »

On ne voit point, au premier coup d'œil, comment ce système peut laisser place à l'existence de corps à mouvement rétrograde, tournant autour du soleil, non pas d'occident en orient comme les planètes, mais en sens inverse, d'orient en occident. Et Laplace lui-même, considérant que les comètes se meuvent indifféremment dans toutes les directions, ajoute : « Dans notre hypothèse, les comètes sont étrangères au système planétaire. Ce sont de petites nébuleuses errantes de systèmes en systèmes solaires, et formées par la condensation de la matière nébuleuse répandue avec tant de profusion dans l'univers... »

Si le phénomène des essaims d'astéroïdes à mouvement lliptique et rétrograde avait été connu de Laplace, il est permis de douter qu'il eût ainsi abandonné, sans conteste, les comètes aux espaces sidéraux. Il eût pu considérer que la comète de Halley est elle-même elliptique et à mouvement rétrograde; et que le mouvement propre de l'ensemble du système solaire, dirigé vers la constellation d'Hercule, est de nature à modifier les conclusions.

Permettez-moi, mon illustre confrère, de vous exposer les résultats de quelques recherches faites par moi sur ce sujet, en particulier sur les astéroïdes de novembre, et qui se trouvent répondre à la provocation adressée par vous aux défenseurs du système de Laplace. Il est seulement bien entendu que l'affirmation pas plus que la négation de ce système n'a rien à démêler, il serait facile de le démontrer, avec les vérités des livres sacrés, dont j'admets le texte et les conclusions.

Toutes les nuits de l'année nous offrent des étoiles filantes, d'une lumière, en général, assez faible. Quelquefois cependant leurs feux atteignent l'éclat des étoiles de seconde et de première grandeur, ou celui de Vénus et de Jupiter. Ces météores arrivent même à éclairer l'horizon comme le fait la lune; ils éclatent alors souvent avec un bruit formidable et jettent des pierres à la surface de la terre.

On peut estimer qu'un observateur seul, surveillant le quart du ciel, constate dans les nuits ordinaires, et, en moyenne, cinq étoiles filantes par heure. Elles paraissent, dans ce cas, venir indistinctement de tous les points de l'espace.

A de certaines époques, l'apparition prend plus d'intensité, comme au 10 août et au 13 novembre. Lorsqu'il en est ainsi, le phénomène présente cette circonstance particulière que toutes les étoiles semblent diverger d'un même point du ciel. Au 10 août, le centre radiant est dans la constellation de Céphée; au 13 novembre, il se trouve dans la constellation du Lion, tout près de l'étoile *Gamma*. C'est cette condition qui, étant interprétée suivant les lois de la perspective, prouve que les droites parcourues par les points lumineux sont parallèles, et qu'ainsi les apparitions extraordinaires sont dues à des essaims de corpuscules circulant ensemble autour du soleil.

Or si l'essaim de novembre parcourt le ciel dans un sens inverse de celui du mouvement de la terre et de tous les corps bien posés de notre système planétaire, on est nécessairement conduit, dans toute espèce d'hypothèse, à admettre que cet essaim ne saurait appartenir au même ordre de formation que les planètes et qu'*il est d'une époque cosmique postérieure*. Un ensemble de corps dont les masses sont aussi faibles que celles des astéroïdes, aurait été incapable, à l'origine, de refouler le courant général et de marcher en sens inverse de toutes les autres masses planétaires.

L'essaim pourrait être d'une date cosmique postérieure à celle de notre système planétaire inférieur, et néanmoins s'y trouver depuis des temps extrêmement anciens. Il y a lieu de croire qu'*il est beaucoup plus nouveau*.

Aux diverses époques des apparitions constatées depuis l'an 902, la terre n'était pas rigoureusement à la même distance du soleil. Le rayon de l'orbite terrestre éprouve des variations en raison de l'action de la lune et des perturbations planétaires. L'essaim doit donc être fort large. Et comme ses particules sont indépendantes les unes des autres, il n'est pas douteux que des vitesses diverses tendent à les répandre peu à peu le long de l'anneau dont elles n'occupent encore qu'un nombre limité de degrés. Pour peu donc que le phénomène fût ancien, l'essaim se serait complétement étiré en un anneau continu, et, s'il n'en est pas ainsi, il faut que le travail de sa dislocation *ait commencé il y a peu de siècles*. Ajoutons que s'il y avait eu dès à présent un nombre immense d'apparitions, la terre, qui, à chacune d'elles, expulse une partie de la matière du corps de l'essaim, n'aurait rien laissé de régulier à notre époque.

Par tous ces motifs, nous croyons que l'essaim des astéroïdes de novembre nous est venu des profondeurs de l'espace, et que, dans l'intervalle de chacune des périodes, il retourne vers les planètes supérieures. Un corps venant de loin, animé d'une grande vitesse, au moment où il atteignait la minime distance de la terre au soleil, n'a pas pu être fixé par la faible action des planètes inférieures dans une orbite d'une ou deux années.

En compulsant les chroniques et les annales chinoises faisant mention de pluies d'étoiles, on rencontre 14 constatations jusqu'à notre époque, dans les années 902, 931, 934, 1002, 1101, 1202, 1366, 1533, 1602, 1698, 1799, 1832, 1833, enfin 1866.

De ces données, M. Newton de Newhaven a conclu avec exactitude que le maximum d'éclat du phénomène revient après une période de 34 ans 1/4, et l'on en déduit pour l'orbite décrite par l'essaim autour du soleil un grand axe égal à 20,68 rayons de l'orbite terrestre. Dans ses retours vers les profondeurs du ciel, l'essaim s'éloigne du soleil jusqu'à une distance égale à 19,69 fois celle de la terre.

En combinant la vitesse absolue de l'essaim, à son passage en novembre, avec celle de la terre et avec la connaissance du point radiant dans la constellation du Lion, on conclut encore que l'orbite de l'essaim est située dans un plan incliné de 14° 41' à l'écliptique.

L'essaim, très-nouveau dans le système planétaire, n'a pu être introduit et jeté dans son orbite actuelle que par une cause perturbatrice énergique, ainsi que cela a eu lieu pour les comètes périodiques, et comme on l'a vu notamment pour la comète apparue en 1770. Lexel trouva qu'on ne pouvait rendre compte du mouvement de cet astre qu'en lui assignant une orbite elliptique et une durée de révolution de 5 ans 1/2. Les astronomes lui faisaient cette objection, qu'un astre qui reviendrait si fréquemment passer près de l'orbite de la terre, aurait dû être antérieurement observé. Lexel répondait avec justesse que sans doute la comète était nouvelle, qu'en 1767 elle s'était fort approchée de Jupiter et qu'il fallait croire que c'était l'action de cette planète qui l'avait jetée dans l'orbite où on l'avait observée en 1770. La comète n'a pas été revue depuis lors, et, comme en 1779, elle s'est de nouveau fort approchée de Jupiter, on a pensé que cette grosse planète, qui nous l'avait donnée en 1767, nous l'avait reprise en 1779 pour la rejeter dans l'espace. Laplace a soumis au calcul et vérifié la légitimité de cette dernière hypothèse. Nous croyons seulement qu'il faut se garder de conclusions trop absolues, que la comète ne venait pas nécessairement des *espaces sidéraux* en 1767 et qu'elle n'y a pas été nécessairement renvoyée en 1779. Mais c'est un point dont la discussion nous détournerait de notre but actuel.

En traçant l'orbite de l'essaim, l'attention s'arrête immédiatement sur ce fait qu'elle est rencontrée, vers les limites de sa partie supérieure, par l'orbite d'Uranus, dans les mêmes conditions où l'orbite de la comète de 1770 était coupée par l'orbite de Jupiter. Et de même qu'il existe dans le ciel des comètes en quantités innombrables, on se demande s'il ne s'y trouve pas des essaims de corpuscules, circulant à des distances assez considérables du soleil pour que nous n'en ayons pas connaissance, tant qu'une planète puissante ne vient pas, par son action, les jeter dans une orbite passant plus près du soleil et de la terre. On se demande si ce ne serait pas un de ces essaims qu'Uranus aurait pris, détourné de sa route primitive et introduit dans l'orbite où se meuvent aujourd'hui les astéroïdes de novembre.

Il ne saurait vous déplaire, mon illustre confrère, qu'un tel rôle fût assigné à la planète découverte par William Herschel. Il nous faut toutefois examiner si ce rôle est possible, en tenant compte des positions respectives des astres et de la masse d'Uranus. Des calculs sur lesquels je dois m'appuyer ici ont trop d'étendue pour prendre place dans cette lettre. Permettez-moi de me borner aux résultats qui en découlent.

En recherchant par la théorie d'Uranus et par le mouvement de l'essaim dans son orbite si l'ensemble de ces corpuscules a pu s'approcher de la planète, on trouve que rien de pareil n'a pu avoir lieu avant l'an 126 de notre ère: mais qu'au commencement de cette année 126, le rapprochement a pu être très-étroit. On peut même assigner, au nœud et au périhélie de l'essaim, des positions en harmonie avec les observations les plus exactes et telles qu'en l'an 126 l'essaim serait précisément tombé sur Uranus. Ainsi donc l'approche supposée est possible.

Mais cela ne suffit pas; il faut encore s'assurer si, l'approche des deux corps étant admise, l'action d'Uranus, dont la masse est la 24 millième partie de celle du soleil, est assez puissante pour avoir produit dans la route et dans la constitution de l'essaim les modifications nécessaires pour rendre compte des observations actuelles des astéroïdes de novembre.

Or le calcul répond affirmativement.

L'essaim pouvait avoir, avant les grandes perturbations, un diamètre notable, égal par exemple au tiers du diamètre d'Uranus, plus ou moins. Malgré la faiblesse de l'attraction exercée par le total de sa masse sur chacun des corpuscules, l'ensemble affectait une forme sphérique, ainsi qu'on le voit pour les comètes qui ne passent pas dans le voisinage immédiat de quelque grand corps. Il pouvait décrire une hyperbole, une parabole ou même une ellipse. Et, le sens du mouvement pouvant être direct dans une parabole ou dans une ellipse fort étendue, il n'y a rien qui oblige de supposer que l'essaim n'appartînt pas primitivement au système solaire.

L'action d'Uranus aura changé inégalement les vitesses absolues des corpuscules ; et, cette action surpassant l'attraction de leur masse totale, l'essaim se sera désagrégé en s'étendant sur la périphérie de l'orbite. Dans un cas que nous avons examiné, le passage principal durerait aujourd'hui pendant un an et demi environ : ce qui suffirait pour expliquer la répartition de la masse sur un arc de l'orbite, et l'apparition du phénomène pendant plusieurs années consécutives, lors même qu'on ne tiendrait pas compte des perturbations ultérieures dues à l'action de la terre.

Du moment que la distribution de la matière le long de l'orbite a pu commencer, on devrait s'étonner qu'elle n'embrassât aujourd'hui encore qu'un petit arc, si le phénomène n'était pas tout nouveau. Mais cet arc ira en s'accroissant et l'anneau finira par se fermer.

Le phénomène apparaîtra donc, dans la suite des temps, pendant un plus grand nombre d'années consécutives, mais en s'affaiblissant en intensité. Cette diminution de l'éclat proviendra non-seulement de la répartition de l'ensemble des corpuscules sur un plus grand arc de l'orbite, mais en outre de ce qu'à chaque apparition la terre en dévie un très-grand nombre.

Les étoiles périodiques du 10 août, dues à un anneau complet, puisque le phénomène revient chaque année, reçoivent une explication pareille. Seulement le phénomène est relativement plus ancien, l'anneau a eu le temps de se fermer. Nous ne pouvons nous livrer sur cet anneau à une étude du même genre que pour celui de novembre, le retour du phénomène, d'année en année, ne nous permettant pas d'en établir la période avec assez de certitude.

La destruction progressive des masses d'astéroïdes par l'action de la terre qui les disperse dans l'espace, donne, avec d'autres phénomènes du même genre, naissance aux étoiles irrégulières qui sillonnent sans cesse le ciel.

Note IV.

GOLDSCHMIDT.

Hermann Goldschmidt est mort au mois d'août 1866. En apprenant cette nouvelle, nous publiâmes dans la *Presse scientifique des Deux Mondes* la notice suivante que nous reproduisons dans sa forme originelle :

Du fond d'un département lointain, où l'on vient organiser des cours scientifiques, et où l'on voyage d'une ville à l'autre au milieu d'un monde étranger au mouvement de Paris, on perd de vue pour quelques mois la science militante et ses soldats de chaque jour. Les amis eux-mêmes sont un instant éclipsés par les sympathies réveillées du département qui nous a vus naître. On croit retrouver à son retour tous ceux qu'on a laissés, et lorsque la perte de l'un d'entre eux vient tristement s'annoncer dans le silence de notre retraite, nous subissons dans toute son intensité la douleur du coup terrible, et nous sentons le besoin d'exprimer par un témoignage public nos regrets et nos sympathies.

L'astronome laborieux dont la science déplore la fin imprévue, l'homme intègre et honorable que de rares amis avaient eu le privilége d'apprécier, M. Hermann Goldschmidt, nous était personnellement connu depuis six ans seulement. Notre confrère, M. le docteur Hœfer nous avait alors présenté au célèbre découvreur de planètes, et bientôt une amitié réciproque avait réuni nos pensées. C'était un homme qui, à l'habileté merveilleuse et peut-être unique de l'observateur, joignait le jugement et la faculté synthétique du philosophe. Bien souvent nous avons pu remarquer que là où les astronomes de métier distinguaient à peine l'objet observé, sa vue exercée en analysait tous les caractères. A l'une des dernières séances de l'Association scientifique, M. Le Verrier lui a rendu le même témoignage, et certes nos lecteurs savent que M. le directeur de l'Observatoire impérial n'est jamais intéressé à avouer ces particularités-là. Plusieurs fois, et notamment à l'occasion des satellites de Sirius et de certaines étoiles doubles, nous avons reconnu que sa vue le servait bien au-delà de celle de plusieurs d'entre nous, et que l'astronomie d'observation avait vraiment en lui l'un de ses pionniers les plus habiles et les plus utiles.

Nous n'écrivons ici ni un panégyrique ni une biographie. Mais nous tenons à honneur de donner à Hermann Goldschmidt un témoignage public de l'estime que nous ont inspirée ses travaux et sa personne. C'est un devoir et un bonheur pour nous d'élever notre voix et de servir à l'inscription glorieuse de ce nom sur les tablettes de l'histoire des sciences.

Goldschmidt travaillait avec une généreuse passion pour l'avancement de l'astronomie et une grande modestie pour sa propre personne. A son dernier voyage à Paris, M. Warren de la Rue, alors président de la Société royale astronomique de Londres, nous annonça la nomination de notre savant ami parmi les élus de cette célèbre société. C'était presque là son seul titre scientifique officiel. Il était depuis plusieurs années lauréat de l'Institut (Académie des sciences) et chevalier de la légion d'honneur. Nous nous souvenons qu'au moment du passage de M. Warren de la Rue à Paris, lorsque nous annonçâmes à M. Goldschmidt qu'il était élu membre de la Société astronomique, il se récria bien fort en déclarant qu'il n'était pas digne d'être associé à quelques noms illustres de cette société.

Ses travaux ont principalement porté sur la recherche des petites planètes situées entre Mars et Jupiter. Humble locataire d'un modeste atelier situé au 6e étage d'une vieille maison de la rue de l'Ancienne-Comédie, au-dessus du café Procope, où Voltaire et d'Alembert vinrent s'asseoir, il commença en 1850 ses premières observations astronomiques. Sa lunette était d'un faible pouvoir. C'est à l'aide de cet instrument qu'il trouva le 15 novembre 1852 sa première planète, nommée Lutetia par Arago, et successivement : Pamone (1854), Atalante (1855), Harmonia et Daphné (1856), Nysa, Eugenia, Mélété, Palès et Doris (1857), Europa et Alexandra (1858), Danaé (1860) et Panope (1861). Les deux dernières furent découvertes de la rue de Seine. On voit que ce n'est pas au milieu d'un splendide observatoire que le patient astronome sut arracher au ciel les secrets révélés par Kepler. Il avait ensuite examiné, par la comparaison de leurs variations périodiques d'éclat, s'il n'y avait pas lieu d'en déduire la durée de leurs rotations diurnes. C'est ainsi qu'il était arrivé à la période moyenne de 24 heures pour quelques-unes d'entre elles. Depuis longtemps aussi il s'occupait de la recherche du mouvement propre du soleil dans l'espace; ses travaux sont même fort avancés sur ce point, mais ne sont pas entièrement terminés. La conclusion diffère sensiblement de celle d'Argelander, ou pour mieux dire, elle la modifie et la complète. M. Goldschmidt avait également en chantier des travaux sur les étoiles périodiques et les nébuleuses variables. La constitution physique du soleil avait été l'objet de ses dernières observations, et son dernier mémoire fut envoyé à ses amis quelques semaines avant sa mort.

Quelques jours avant notre départ de Paris, il y a deux mois, nous avions longuement travaillé avec lui ; sa santé toujours florissante ne nous laissait pas craindre une mort si prochaine, quoiqu'il se plaignît de douleurs dans les yeux. Après un court séjour il était retourné à Fontainebleau, à son astronomie et à sa peinture (nos lecteurs savent que M. Goldschmidt était un peintre distingué). Il terminait un tableau sur la mort du fils de Mahomet, mort accompagnée d'une éclipse de soleil : le prophète consulté déclare que l'éclipse était indépendante de la mort de son fils et que le ciel ne s'occupait pas des intérêts particuliers des hommes. Il terminait en même temps de curieux travaux d'archéologie.

Né à Francfort-sur-le-Mein, le 17 juin 1802, Hermann

Goldschmidt était âgé de 64 ans. A première vue, on ne lui supposait pas plus de 50 ans.

Nous espérons que les travaux commencés par un homme aussi judicieux ne seront pas perdus pour la science.

Fontainebleau était depuis trois ans la retraite de ce savant non officiel. Il y vivait d'une modeste pension du gouvernement. C'est là que reposent aujourd'hui ses restes mortels. Goldschmidt croyait à une vie future, et partageait hautement nos opinions sur la Pluralité des Mondes. Celui qui a passé la plus importante partie de son existence terrestre à l'étude de la nature céleste n'est pas trompé dans ses espérances; et si l'enveloppe transitoire de son laborieux esprit est actuellement dans la tombe, son âme active et infatigable, non sexagénaire, habite maintenant le brillant royaume de ses rêves.

POSITIONS DES OBSERVATOIRES

Nous avons cru utile au progrès de l'astronomie pratique contemporaine de rassembler dans une même liste les différents observatoires (nationaux ou particuliers) qui existent à la surface de notre planète. Le tableau suivant facilitera les rapports réciproques des hommes qui se livrent à l'étude du ciel. Il reste à cette liste bien des lacunes encore. Nous prions les divers astronomes qui pourraient nous donner de nouvelles indications de vouloir bien le faire. Nous serions heureux de pouvoir publier dans notre troisième volume une liste plus complète que celle-ci.

LISTE DES OBSERVATOIRES

NATIONAUX ET PARTICULIERS

France.

Lieux.	Latitude.	Longitude.	Altitude.	Directeurs ou propriétaires.
Paris. Observatoire impérial.	48°50′13″	0h 0m 6s	59	Le Verrier.
Succursale : Marseillle.	43 17 52	0 12 7E	29	Stéphan.
Paris : Luxembourg, obs. météorique. .	48 50 55	0 0 0	50	Chapelas — Coulvier-Gravier.
Paris : Panthéon, observ. particulier. .	48 50 45	0 0 17E	60	Flammarion.
Paris : place Saint-Georges, obs. part. .	48 52 40	0 0 2.5E	62	Barnout.
Paris : Belleville, observ. particulier. .	48 52 39	0 0 8E	98	Tremeschini.
Toulouse, obs. municipal.	43 36 47	0 3 300	194	Daguin.
Havre, id. id.	49 29 16	0 8 550	13	Colas (1).
Fontainebleau, observatoire particulier. .	48 24 23	0 1 27E	79	Goldschmidt (2).
Orgères, id.	48 8 55	0 2 350	143	Lescarbault.
Rochefort, id.	45 56 15	0 13 80	21	Courbebaisse.
Ville-Urbane, près Lyon, obs. part. . .	45 45 45	0 9 570	...	Chacornac.

(1) Détruit en 1864, M. Leverrier étant directeur de l'Observatoire de Paris.
(2) M. Goldschmith est mort en 1866. Son observatoire n'existe plus.

Belgique.				
Bruxelles, Observatoire royal.	50° 51′ 11″	0h 8m 8s E	52	Quételet.
Gand, obs. part.	51 2 57	0 5 32E	29(1)	Neyt.
Anvers, obs. part.	51 12 30	2 4 28E	21(1)	De Boë.
Grande-Bretagne.				
Aberdeen.	57 8 58	+0h 17m 43s	15	A. Beverly.
Armagh.	54 21 13	+0 35 56	...	Robinson.
Ashurt, obs. part.	51 15 58	+0 10 31	...	Snow.
Bedford, obs. part.	52 8 28	+0 11 13	...	Smyth.
Birr-Castle, obs. part.	53 5 47	+0 41 2	..	Lord Rosse fils.
Bradstones (près Liverpool), obs. part. .	53 25 28	+0 20 59	...	W. Lassell.
Cambridge	52 12 52	+0 8 58	...	J.-C. Adams.
Cranford, obs. part.	51 18 58	+0 10 58	...	Warren de la Rue.
Dublin.	53 23 13	+0 34 41	...	Hamilton.
Durham.	54 46 6	+0 15 40	...	Chevalier.
Edinburg.	55 27 23	+0 22 4	71	Piazzi Smyth.
Glasgow.	55 51 32	+0 26	...	Grant.
Grantham, obs. part.	52 54 52	+0 11 57	...	J.-W. Jeans.
Greenwich (près Londres), Observ. royal..	51 28 38	+0 9 21	47	G.-B. Airy.
Haddenham (Bucks), obs. part..	51 45 54	+0 13 4	...	W.-R. Dawes.

(1) Ces deux altitudes sont prises au-dessus du niveau de la *basse* mer à Ostende.

Hartwell, obs. part.	51°48′36″	+0h12m4[illegible]s	...	Docteur Lee.
Haverhill, o. p.	52 5 23	+0 7 34	...	W.-W. Boreham.
Highbury (Londres), o. p.	51 33 42	+0 9 45	...	T.-W. Burr.
Kensington (Londres), o. p.	51 30 13	+0 10 7	...	J. South.
Kew	51 28 16	+0 10 48	...	Balfour Stewart.
Leyton (Londres), o. p.	51 34 34	+0 9 22	...	J. Gurney Barclay.
Liverpool.	53 24 48	+0 21 21	...	J. Hartnup.
Id. Devonshire Road, o. p.	...	...	...	G. Williams.
Maidenhead-Ray Lodge, o. p.	...	...	...	W. Lassell.
Makerstown.	55 34 45	+0 19 25	...	...
Manchester, o. p.	53 29	+0 18	...	Worthington.
Markree, o. p.	54 10 32	+0 43 9	..	E.-J. Cooper.
Maresfield (Sussex), o. p.	...	...	...	C. Noble.
Ormskirk.	53 34 18	+0 20 57	...	...
Oxford (Radcliffe Observatory).	51 45 36	+0 14 23	...	R. Main.
Portsmouth	50 48 3	+0 13 45	...	...
Uckfield (Sussex), o. p.	50 58 25	+0 8 56	61	C. Leeson Prince.
Redhill, o. p.	51 14 25	+0 10 2	...	R. C. Carrington.
Regents-Park (Londres), o. p.	51 31 30	+0 9 58	140	G. Bishop.
Slough.	51 30 20	+0 11 45	...	J. Herschel.
Stone (Aylesbury), o. p.	51 47 57	+0 12 50	...	J. B. Reade.
Tarn Bank, o. p.	54 39 14	+0 23 5	...	Is. Fletcher.
Walworth Com. Westmoreland-House, o.p.	51 29 13	+0 14 19	...	J. Buckingham.
Wimbleton, o. p.	...	...	...	F. C. Penrose.

Waterloo (près Liverpool).	...	...	...	J. Joynson.
Wrottesley Hall, o. p.	52° 37′ 2″	+0h 18m 14s	...	Lord Wrottesley.
—	...	...	...	Huggins.
—	...	...	...	Lockyer.
Pays-Bas.				
Leyde	52 9 28	—0 8 36	...	Kayser.
Utrecht (Zonenburg)	52 5 11	—0 11 11	...	M. Hoek.
Danemark, Suède et Norwége.				
Altona.	53 32 46	—0 30 26	...	C. A. F. Peters.
Christiana	59 54 44	—0 33 33	24	C. Fearnley.
Copenhague	55 41 14	—0 40 58	...	H. d'Arrest.
Lund	58 27 ...	—0 17 ...	20	A. Moeller.
Stockholm.	59 20 34	—1 2 53	25	Lindhagen.
Turquie.				
Constantinople	41 0 16	—1 46 35	...	Coumbary.
Russie.				
Abo	60 26 58	—1 19 47	...	...
Dorpat	58 22 47	—1 37 33	73	J. H. Maedler.

Helsingfors.	60° 9′ 49″	— 1h30m28s	16	A. Kruger.
Kasan	55 47 24	— 3 7 8	58	Kowalski.
Kiev.	50 27 12	—1 52 41	190	Fédorov.
Moskou	55 45 19	—2 20 56	142	G. Schweizer.
Nicolaïef	46 58 23	—1 58 34	22	Knorre.
Saint-Pétersbourg (Académie).	59 56 30	—1 51 53	3	Sawitch.
S.-Pétersbourg-Poulkova. Obs. impérial. .	59 46 19	—1 51 58	...	O. Struve.
Tiflis	...	...	...	Morritz.
Varsovie	52 13 5	—1 14 47	...	Baranowski.
Vilna	54 41 0	—1 31 49	122	G. Sabler.

Allemagne et Autriche.

Berlin. Observ. royal.	52 30 16	—0 15 15	34	Foerster.
Bilk	51 12 25	—0 47 45	...	R. Luther.
Bonn.	50 43 45	—0 19 3	47	F. Argelander.
Breslau.	51 6 57	—0 58 49	140	J. G. Galle.
Bude (Ofen)	47 29 12	—1 6 51	260	Guido-Schenzl.
Cracovie	50 3 50	—1 10 28	200	M. Weisse.
Dantzig.	54 21 19	—1 5 19	...	E. Kayser.
Elsfleth.	53 14 12	—0 24 32	...	W. de Freeden.
Gotha (le Seeberg)	50 56 6	—0 33 35	308	A. Hansen.
Gœttingue.	51 31 48	—0 30 26	132	Klinkerfues.
Gohlis (près Leipzig), o. p.	51 21 45	—0 40 19	...	Aerbach.

Hambourg	53° 33′ 6″	—0h 30m 33s	...	Rumker.
Iéna	50 56 29	—0 37 8	163	L. Schroen.
Kœnigsberg	54 42 50	—1 12 39	22	E. Luther.
Kremmunster	48 3 24	—0 47 11	400	Reslhuber.
Leipzig	51 21 10	—0 40 13	117	C. Bruhns.
Leyden	...	...	...	...
Mannheim	49 29 13	—0 24 30	98	E. Schoenfeld.
Marbourg	50 48 47	—0 25 44	248	Gerling.
Munich (Bogenhausen)	48 8 45	—0 37 5	526	J. Lamont.
Munster	51 57 52	—0 21 10	63	E. Heis.
Olmutz, o. p.	49 35 43	—0 59 47	...	H. von Unkrechtsb
Prague	50 5 19	—0 48 29	190	Boehm.
Schwerin	53 37 38	—0 36 20	...	Paschen.
Senftenberg, o. p.	50 5 10	—0 56 20	...	...
Storlus, o. p.	...	—0	...	A. de Parpart.
Trieste	45 38 34	—0 45 41	...	Schaub.
Vienne. Observ. impérial	48 12 36	—0 56 10	167	C. de Littrow.
Suisse.				
Bâle	47 33 25	—0 21 2	275	...
Berne	46 57 9	—0 20 25	572	...
Genève	46 11 59	—0 15 16	407	E. Plantamour.
Neufchâtel	47 0 2	—0 18 29	490	A. Hirsch.
Zurich	47 22 31	—0 24 51	459	R. Wolf.

	Grèce.			
Athènes	37°58'15"	—1h25m32s	120	J. Schmidt.
	Italie.			
Bologne	44 29 47	—0 36 4	88	L. Respighi.
Catane.	...	...	...	Longo.
Florence	43 46 27	—0 26 16	71	G. B. Donati.
Gênes	44 24 16	—0 35 41	...	...
Milan.	45 28 1	—0 27 24	146	Schiaparelli.
Modène	44 38 53	—0 34 23	...	Ragona.
Montcalieri.	45 4 0	—0 21 30	260	Denza.
Naples (Obs.-Astron.)	40 51 47	—0 47 41	...	De Gasparis.
Naples (Vésuve)	40 51 47	—0 47 38	55	Palmieri.
Padoue	45 14 7	—0 38 8	...	Santini.
Palerme.	38 6 44	—0 44 3	...	Cacciatore.
Parme (Collége)	44 18 15	—0 31 58	...	Pigorini.
Pérouse.	43 6 44	—0 40 13	...	P. di Monbello.
Rome.	41 53 52	—0 40 35	53	A. Secchi.
Rome	41 53 ...	—0 40 ...	63	J. Calandrelli.
Rome, o. p.	41 54 36	—0 40 34	...	Duc Massimo.
Rome, o. p.	41 54 0	—0 40 ...	...	Me Scarpellini.
Sienne	43 19 16	—0 36 0	...	Toscani.

Turin	45° 4′ 6″	—0h21m28s	278	Dorna.
Venise	45 25 50	—0 40 5	7	...
Espagne et Portugal.				
Cadiz (San-Fernando)	36 27 42	+0 34 11	...	F. de P. Marquez.
Coïmbra.	40 12 30	+0 43 0	...	...
Lisbonne	38 42 24	+0 45 55	...	Fradesso da Silveira.
Madrid	40 24 30	+0 24 4	630	A. Aguilar.
Inde.				
Madras	13 4 9	+5 11 37	...	N. R. Pogson.
Trevandrum	8 30 35	—4 58 37	60	Allan Broun.
Chine.				
Pékin	39 54 ...	—6 56 23	...	...
Nouvelle-Hollande.				
Flagstaff Hill (Melbourne)	...	...	...	Neumayer.
Hobart-Town, o. p.	—42 53 12	—9 40 1	32	Abbott.
Paramatta	—33 56 3	—9 54 46	...	Henderson.
Sydney	—33 51 40	—9 55 25	...	W. R. Scott.

Williamstown	—37°	52′	8″	—9h	30m	33s	...	R. J. Ellery.
Worcester-South Villa, o. p.	...			...			...	T. Barneby.
Brisbane	...	27	5	...	10	3	47	E. Mac-Donnel.
Afrique.								
Alger	36	47	20	—0	3	2	35	C. Bulard.
Le Caire	30	2	4	—1	55	40	...	Mahmoud Bey.
Cap de Bonne-Espérance	—33	56	3	—1	4	34	...	Maclear.
Sainte-Hélène	—15	55	0	+0	32	13	537	...
Amérique du Nord.								
Albany (Dudley Observatory)	42	39	50	+5	4	20	40	B. A. Gould.
Amherst	42	22	16	+4	59	27	...	...
Ann-Arbor	42	16	48	+5	44	13	...	James Watson.
Buffalo	...			...			...	W. S. van Duzee.
Cambridge (Harvard College)	42	22	49	+4	53	51	64	G. P. Bond.
Cambridge (Cloverden Obs.)	...			...			...	J. Winlock.
Charleston	32	47	5	+5	29	4	...	Gibbes.
Cincinnati	39	5	54	+5	47	19	165	G. W. Hough.
Clinton (Hamilton College)	43	3	0	+5	10	58	...	C. H. F. Peters.
Darmouth (College)	...			...			...	...
Georgetown (College)	38	54	26	+8	17	39	...	J. Curley.
Hudson (Western Reserve College)	41	14	43	+5	35	4	...	E. Loomis.
Monterey	36	38	0	+8	46	58	...	...

Nantucket	41° 16′ 53″	+4h 49m 43s	...	...
Newark (New-Jersey)	...	...	...	Van Arsdale.
New-York	40 15 15	+5 5 15	...	Latting.
New-York	...	...	...	L. M. Rutherford.
New-York	...	...	...	Campbell.
Philadelphia (High School.)	39 57 7	+5 0 10	...	Kendall.
Philadelphie (Friend's Obs)	...	...	...	M. F. Longstreth.
Québec	46 48 32	+4 54 10	...	Ashe.
San-Diégo	32 41 58	+7 58 14	45	...
Sharon Obs. (près Philadelphia)	...	...	...	J. Jackson.
Shelbyville (Shelby College)	...	...	...	W. J. Walker.
Toronto	43 39 35	+5 26 48	103	...
Tuscaloosa (Alabama)	33 12 ...	+6 0 9	...	...
Washington (National Observat.)	38 53 39	+5 17 32	32	J. M Gilliss.
West-Point	41 23 26	+5 5 9	50	Bartlett.
Williamstown (William College)	42 42 49	+5 2 13	...	A. Hopkins.
Antilles.				
Havane	23 9 26	+5 38 29	...	A. Poey.
Sainte-Croix	17 44 32	+4 28 5	...	Lang.
Amérique du Sud.				
Bogota	— 4 36 0	+5 6 17	2634	Indal. Lievano.
Rio-de-Janeiro	—22 53 51	+3 2 ...	63	A. M. de Melio.
Santiago	—33 26 42	+4 52 3	...	C. W. Moesta.

REMARQUE

SUR LA PLANCHE ASTRONOMIQUE.

L'intérêt qui s'attache à la constatation de changements à la surface de la Lune nous a engagé à dessiner la carte des environs de *Linné*, région lunaire dont il a été question dans ce volume (pp. 216-231). En y joignant la description que nous avons donnée de ce cratère probablement comblé, on aura les éléments nécessaires pour vérifier les variations possibles de cette localité. Notre carte est surtout destinée à donner la *position* du point à examiner.

Nous avons aussi fixé sur la seconde figure de la même planche (comme archive de l'histoire du ciel) la position de l'étoile temporaire apparue en 1866 (voir pp. 63-88). Nous serions heureux de posséder aujourd'hui les positions des étoiles temporaires apparues pendant les siècles précédents, et sans doute cette petite carte pourra-t-elle rendre quelque service dans l'avenir, indépendamment de la satisfaction que nous avons à connaître présentement la position exacte de cette apparition.

Imprimerie J. Bonaventure, 55, quai des Augustins.

LA COURONNE

RCE EN 1866.

PLACE DE LINNÉ ET RÉGION LUNAIRE ENVIRONNA

LINNÉ ET RÉGION LUNAIRE ENVIRONNANTE.

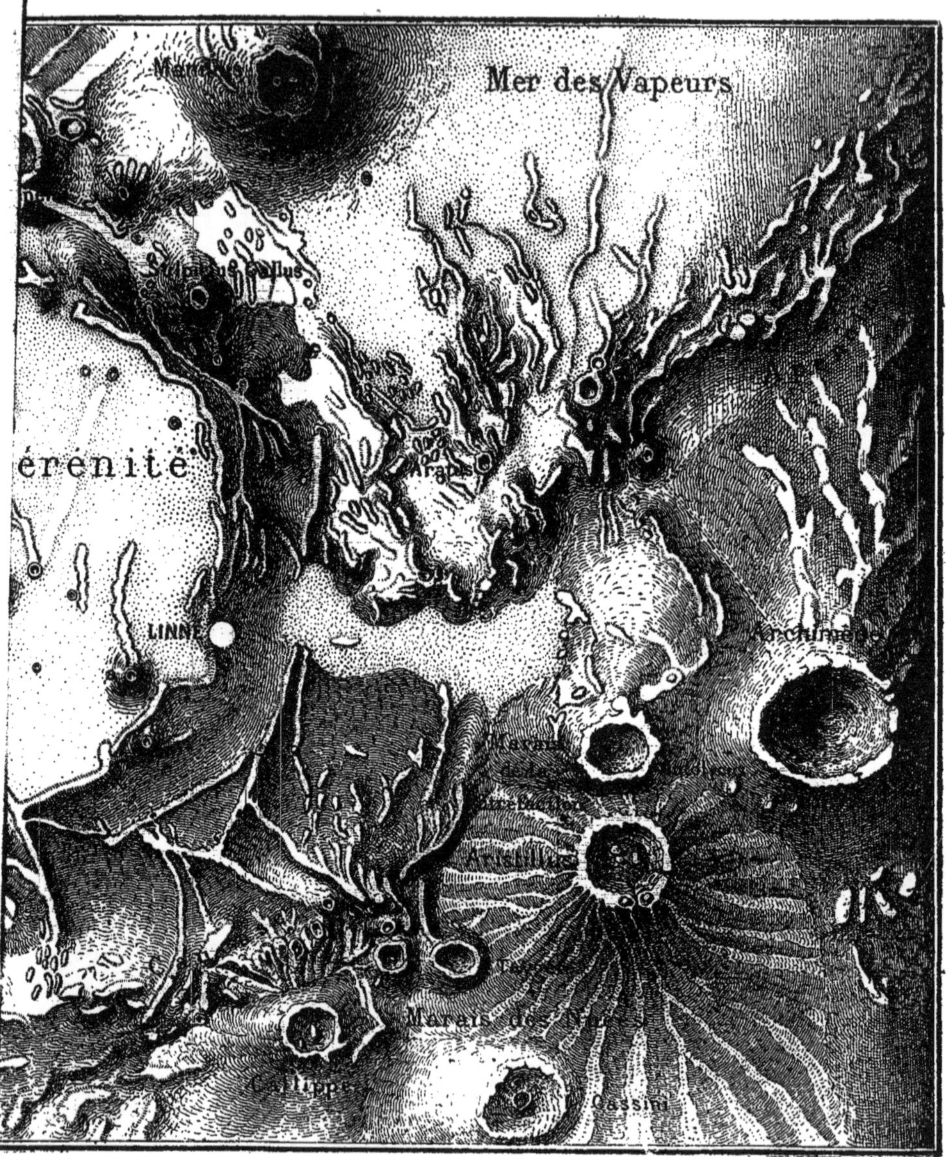

Paris. — Gauthier-Villars, imprimeur-libraire, quai des Augustins. 55.

CARTE DES ÉTOILES DE LA COURONNE

ET POSITION DE L'ÉTOILE APPARUE EN 1866.

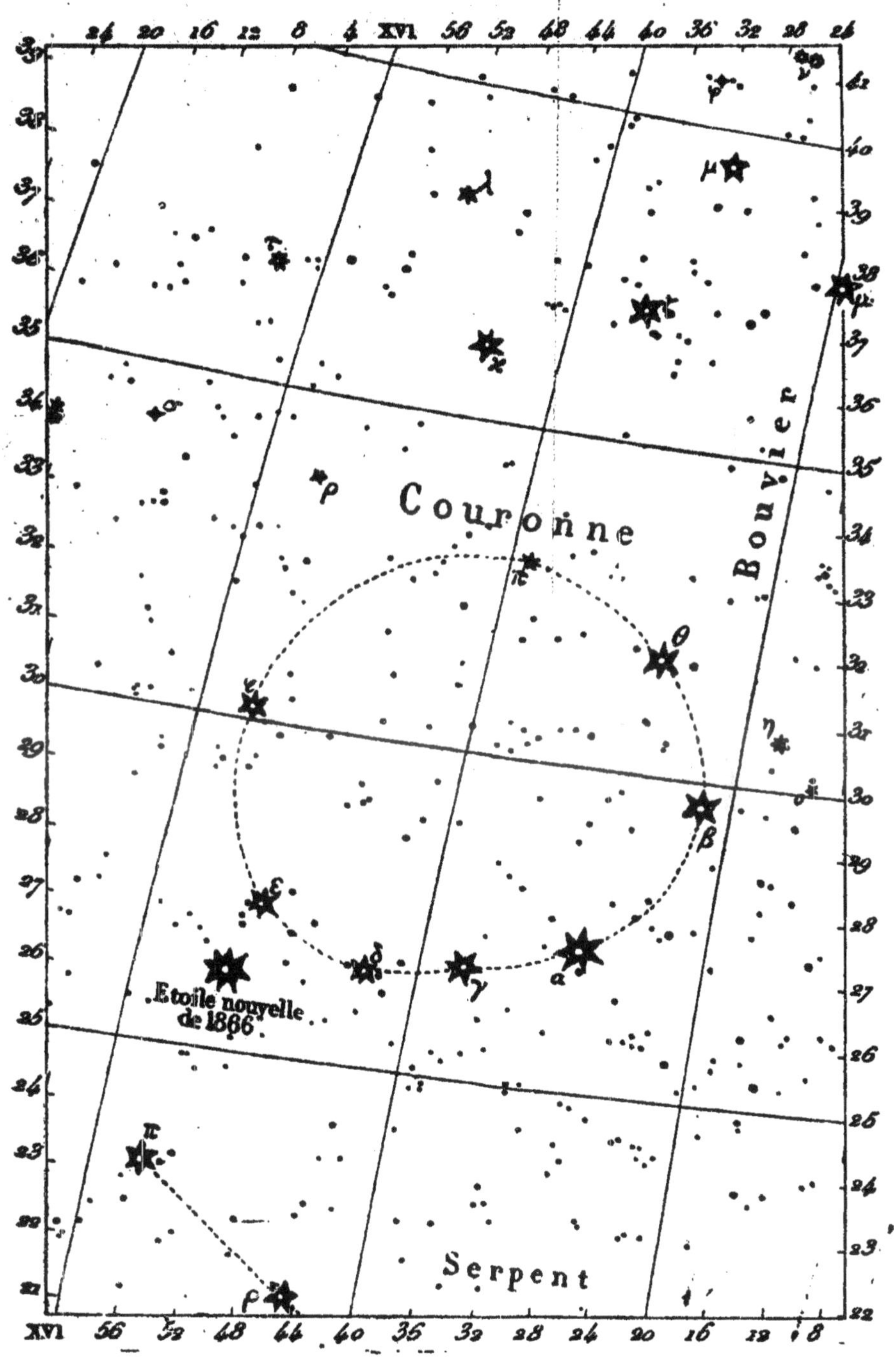

LIBRAIRIE DE GAUTHIER-VILLARS,

SUCCESSEUR DE MALLET-BACHELIER,

Quai des Augustins, [illegible].

DIEN. — *Atlas céleste*, contenant plus de 100000 étoiles et nébuleuses. In-folio de 26 planches gravées sur cuivre, dont trois doubles, avec une *Introduction* par M. *Babinet*, Membre de l'Institut; 1865.

Cartonné.. 35 fr.
Relié.. 40 fr.

DU MONCEL (le Comte TH.). — *Notice sur le câble transatlantique*. In-8, illustré de 25 gravures dans le texte; 1869.............. 1 fr. 50 c.

Cette Notice donne, avec la nouvelle théorie de la transmission de l'électricité par les longs conducteurs, la description complète des appareils et des postes du Service transatlantique.

TYNDALL (JOHN), Professeur à l'Institution royale et à l'École royale des Mines de la Grande-Bretagne. — *Le Son*, traduit de l'anglais et augmenté d'un Appendice par M. l'Abbé *Moigno*. Un beau volume in-8, orné de 171 figures dans le texte; 1869.............. 7 fr.

« J'ai cherché, dit le célèbre Auteur dans sa Préface, à rendre la » science de l'Acoustique accessible à toutes les personnes intelligentes, » en y comprenant celles qui n'ont reçu aucune instruction scientifique » particulière. J'ai traité mon sujet d'une manière tout à fait expéri» mentale, et j'ai cherché à placer [illegible] » yeux et dans la main du lecteur [illegible] » la répéter » [illegible] dans un style [illegible] expériences successives [illegible] des faits [illegible] des lois qui les régissent [illegible] l'Acoustique [illegible] science [illegible]

ZEUNER, Professeur [illegible] Zurich. — [illegible] texte et nombreux tableaux. Ouvrage traduit de [illegible] d'un *Appendice* [illegible] texte allemand [illegible] sur les propriétés [illegible] de M. Zeuner [illegible] Ancien Élève de l'École [illegible] *Cazin*, Professeur de [illegible] Un fort volume [illegible] 1869 [illegible] 10 fr.

[illegible]

Paris. — Imprimerie de GAUTHIER-VILLARS, successeur de MALLET-BACHELIER, rue de Seine-Saint-Germain, 10, près l'Institut.

www.ingramcontent.com/pod-product-compliance
Ingram Content Group UK Ltd.
Pitfield, Milton Keynes, MK11 3LW, UK
UKHW012016240726
13965UKWH00002B/396